U0250150

"湖北省环境科学研究院湖北省环境经济政策前期研究项目"
（项目招标采购文件编号：HBZZ-20190164-F190164/2）最终成果

排污权交易
理论与实践策略研究

主　编	蔡俊雄	刘　哲
副主编	彭　颖	张　强
	郭红欣	杨　霞
	容　誉	王　玥
	赵　昭	陆　青

WUHAN UNIVERSITY PRESS
武汉大学出版社

图书在版编目（CIP）数据

排污权交易理论与实践策略研究/蔡俊雄,刘哲主编.—武汉：武汉
大学出版社,2021.8

ISBN 978-7-307-21904-5

Ⅰ.排…　Ⅱ.①蔡…　②刘…　Ⅲ.排污交易—研究　Ⅳ.X196

中国版本图书馆 CIP 数据核字（2020）第 222330 号

责任编辑:陈　帆　　　责任校对:李孟潇　　　版式设计:韩闻锦

出版发行:**武汉大学出版社**　　（430072　武昌　珞珈山）

（电子邮箱：cbs22@whu.edu.cn　网址：www.wdp.com.cn）

印刷:武汉市宏达盛印务有限公司

开本:720×1000　1/16　　印张:12.5　　字数:184 千字　　插页:1

版次:2021 年 8 月第 1 版　　2021 年 8 月第 1 次印刷

ISBN 978-7-307-21904-5　　定价:50.00 元

目　　录

第一章 绪 论

第一节 本书的研究背景和研究意义

一、研究背景

排污权交易是在确定污染物排放总量后，利用市场交易机制，通过建立合法的排污权，并允许这种权利像商品一样被买入和卖出，以此来控制污染物排放，达到保护环境的目的。排污权交易是有效配置环境容量资源的市场手段，它不仅有助于总量控制政策的实施，还能够有效降低社会治污成本，是对现有宏观环境政策的必要补充。"排污权交易"最早由多伦多大学的经济学教授约翰·戴尔斯于 20 世纪 60 年代提出，在美国的环境保护实践中得到了运用。美国在 20 世纪 70 年代开始尝试以污染物排放总量控制政策实施排污权交易，后发展到全国范围内用于二氧化硫排放控制。在法律制度的保障下，美国的排污企业对自身的减排任务有了明确的预期，认识到主动减少排污可以带来的经济利益，以及违反排污权交易基本规则会受到的严厉惩罚，从而具有了减少污染物排放的主动性和积极性。排污权交易取得了良好的污染控制效果。

我国在 20 世纪 90 年代开始学习借鉴美国的排污权交易制度，并在全国范围内挑选了一些地区进行试点。在法律制度建设方面，我国《大气污染防治法》《水污染防治法》均规定了许可证制度和总量控制制度，为排污权交易的开展提供了必要的前提条件。为改变经济增长方式、促进资源节约型和环境友好型社会的建设、实现"十一五"主要污染物排放量削减 10% 的目标，2006 年《国民经济与社会发展第十一个五年规划纲要》和国务院《关于落实科学发展观加强环境保护的决定》提出，要实行有利于促进科技进步、资源增长方式、优化经济结构的财税制度，在有条件的地区和行业开展排污权交易试点。财政部和原国家环保总局决定联合开展排污权有偿取得和排污交易试点工作，希望通过创新机制，建立排污权有偿取得和排污交易制度，发挥市场对环境资源的配置作用，以达到改善环境质量和提高环境资源配置效率的目的。

2007 年以来，全国已有 28 个省(区、市)开展了排污交易试点，其中财政部、原环境保护部和国家发展与改革委员会联合批复浙江、江苏、河北、内蒙古等 11 个省(区、市)及青岛市开展排污权有偿使用和交易试点，此外，福建、贵州、广东等 16 个省(区、市)也自行开展了排污权交易试点。各试点省份相继出台了试点实施方案、有偿使用管理办法、交易管理办法、竞价办法、确权技术规范、定价技术规范等各类规范性文件，初步构建了排污权有偿使用和交易政策框架，开展了不同程度的政策创新，取得了积极的进展和较好的试点效果，排污交易政策制度体系初步形成。

我国以往环境立法偏重末端污染治理，有关资源效率和生态保护的源头控制法律相对不足。党的十八大以来，这种局面得到重大改变。党的十八大报告系统阐述了"大力推进生态文明建设"，明确指出"积极开展节能量、碳排放权、排污权、水权交易试点"。党的十八届三中全会通过的《中共中央关于全面深化改革若干重大问题的决定》系统阐述了"加快生态文明制度建设"，并强调"推行节能量、碳排放权、排污权、水权交易制度"。建立排污权交易制度是我国环境容量管理制度的创新，是建设生态文明的重要途径之一。排污权交易制度作为环境资源领域一项重大的、基础性的机制创新和制度改革，将充分发挥污染物总量控制制度作用，在全社会树立环境资源有价的局面，促进经济社会持续健康发展。为进一步推进试点工作，促进主要污染物排放总量持续有效减少，2014 年国家出台了《关于进一步推进排污权有偿使用和交易试点工作的指导意见》（国办发〔2014〕38 号）（以下简称《指导意见》），对排污权有偿使用和交易试点工作提出了总体要求及具体目标。该意见规定了建立排污权有偿使用制度、加快推进排污权交易等内容，但遗憾的是，《指导意见》仅是规范性文件，相关内容并没有能够转化成行政法规。随后，财政部、原环保部、发改委先后批复江苏、浙江、天津、湖北、湖南、山西、内蒙古、重庆、河北、陕西、河南 11 个省（区市）及青岛市开展试点，按照《指导意见》的要求，到 2017 年，试点地区排污权有偿使用和交易制度基本建立，试点工作基本完成。目前，全国已有 26 个省市开展排污权交易试点。经过十几年的试点和深化，各地形成了各具特色的排污权有偿使用和交易机制。

湖北省高度重视排污权交易工作，早在 2006 年就在全国率先提出建立排污权交易所。2008 年 3 月，湖北省在国内首次尝试把排污权交易引入产权交易市场，同年 10 月率先出台《湖北省主要污染物排污权交易试行办法》。2010 年 6 月，国家财政部、原环保部批复湖北省成为国家排污权有偿使用和交易试点省份之一。近些年，在财政部、原环保部的指导和支持下，湖北省已初步建立了一套较为完善的排污权交易政策、规范体系，成立了专门的排污权交易机构，开发了排污权电子交易平台，为湖北省开展排污权交易奠定了良好的基础。

为持续推进湖北省排污权交易试点工作健康发展，原湖北省环保厅印发了《湖北省主要污染物排污权有偿使用和交易工作实施方案（2017—2020 年）》（鄂环发〔2017〕19 号），进一步明确了湖北省排污权有偿使用和交易 2017 年与 2018—2020 年工作目标，细化了 2017 年与 2018—2020 年工作方案，加强了保障措施。此外，随着国家《控制污染物排放许可制实施方案》（国办发〔2016〕81 号）和原环保部《排污许可证管理暂行规定》（环水体〔2016〕186 号）的正式出台，在新形势和常态下，湖北省排污权交易制度需要进一步强化和提升。

二、研究意义

1. 推动排污权交易理论研究

排污权交易作为环境保护的一种有效经济手段在世界范围内被广泛采用。我国虽然早已引入排污权交易，但对于有关排污权交易的基本概念和内容在结构和机理方面研究还不够深入。对如何使得该制度能够与本土相适应，即该制度如何中国化的问题还缺少客观公正的研究。这也导致在排污权交易试点实践中出现各试点省份法律法规文件发布不均衡，实施进展与深度也不均衡，基础参差不齐，水平不一；污染源管理配套制度还不健全，保证能力不足，等等问题。本书将排污权交易制度放置于中国生态文明建设的背景之下，聚焦于湖北省的排污权交易实践，思考中国开展排污权交易法律制度的基本理论问题，有利于拓展和丰富相关研究领域，也有利于指导湖北省排污权交易具体实践工作的展开。

2. 促进湖北省排污权交易实践的进一步发展

排污权交易作为环境经济政策引入我国以来，在中央的大力支持以及地方的积极运作下，已开展了许多试点工作，并产生了一些成功的交易案例。现在排污权交易的实践已经在黄河、长江、珠江流域渐次展开，一些城市在进行排污权交易试点的同时，制定了若干包括排污权交易内容的地方法规和规章。湖北省地处中国中部、长江中游，东部与安徽省相邻，南邻湖南省，西边临近重庆市，北边与河南省相邻，不仅是国家的交通经济中心，也是国家中部崛起战略实施的重点省份，生态区位优势明显。湖北省在排污权交易实践中积极地开展试点工作，取得了一定的成绩，但目前也面临着许多问题，其中一个重要问题就是排污权有偿取得和排污权交易的市场机制尚未形成。据调查，目前，湖北省试点完成的排污权交易都是在生态环境主管部门的协调下完成的，没有真正形成完善的排污权交易市场。大部分发生的交易个案严格意义上都是一级市场，没有二级市场产生。生态环境主管部门是交易规则的制定者，也是交易实现的中介人，尚没有部门或企业扮演经纪人角色的交易出现。总体来说，湖北省的排污权交易市场发育缓慢，交易数量极低。究其原因，与试点领先地区相比，湖北省在总体顶层设计、排污初始权分配、排污权有偿使用、排污权储备、排污权交易等方面均存在不小的差距。基于此，开展排污权交易制度架构研究，思考如何建立完善的排污权交易制度以有效控制污染、治理流域水污染、协调经济发展与环境保护的关系已成为湖北省排污权交易实践中亟待解决的问题。本书从理论上深入认识排污权交易制度，探讨我国排污权交易实践经验，有利于为湖北省进一步开展排污权交易实践提供指导。

第二节　国内外研究现状

一、关于排污权交易的国外研究

国外学者对排污权交易的研究较早，也取得了较大成绩。美国经济学家戴尔斯(Dales)于 1968 年在其著作《污染、财富和价格》中首次提出"排污权"的概念。戴尔斯在前人理论的基础上，将排污权与产权有效结合，将其作为买卖交易的标的，提出了排污权交易的概念，为排污权交易的后续发展奠定了理论基础。鲍莫尔和奥茨在研究并承认戴尔斯研究成果的基础上，提出将拍卖许可证作为排污权交易的一种方式。最先证明排污权交易可行的是 Montgomery，他于 1972 年采用经济学的方法证明了排污权交易在控制污染方面有很大优势，可以节约大量成本。欧洲一些国家有关排污权交易的理念要追溯于 1960 年科斯出版的《社会成本问题》之后。斯蒂格勒把《社会成本问题》中的产权思想总结为科斯定理。除了 Rose、Lyon 等一些经济学者外，早期的大部分研究者在排污权的发展进程中都忽略了排污权的初始分配问题。

20 世纪 80 年代以来，随着排污权交易的实践探索，国外的研究者们对排污权交易有了更为深入的研究，主要是对排污权初始分配、排污权分配效率、排污权价格、排污权价格影响因素等的研究。2010 年，Andrew 研究了超排处罚金额和排污权成本，找出了公司在排污权交易中的最优产量，并作为依据为国家调整排放许可和处罚提供了宝贵的建议。2011 年，Carmona 等人在研究排污权价格方面运用了风险中性简化式模型，对欧式的津贴期货价格进行了严格的分析，分析结果表明，排污权价格在时间和空间上存在波动，能够合理地给这些看涨期权定价。2013 年，Arslan 等人在旧的 EOQ 模型基础上使用单一目标优化模型，研究了企业在总量控制、排污权交易和存在碳排放抵消等不同约束条件下公司最佳的生产数量。同年，Hast 通过案例研究的方法找出了芬兰的碳排放目标和减排的最低成本，最终找到了不但能达到减排目标又能不超过既定成本的最合理化组合。

1. 关于排污权初始分配

国外学者对排污权初始分配机制的研究比较深入和系统，主要有两种模式：一种将排污权初始分配纳入排污权交易制度进行一体化研究；另一种将排污权初始分配纳入财产权政府分配模式下或单独对其进行研究。

第一，将排污权初始分配纳入排污权交易制度进行一体化研究。

Stavins 在《交易成本与可交易许可》(*Transactions Costs and Tradable Permits*)中指出，排放权初始分配是决定治理效率的重要因素。如果边际交易成本不变，则同不存在交易成本时一样，排放权的初始分配不会影响每个企业的治理责任和总治理成本；但当边际交易成本增加时，排放权的初始分配影响企业的治理责任和总治理成本：某个企业的排放权初始分配量增加，则其污染治理责任减少，导致总治理成本偏离有效均衡时的成本，社会福利下降；相反，当边际交易成本减少时，初始分配的偏离导致交易结果更接近有效均衡时的结果。Jonathan Remy Nash 在《太多市场？可交易的排放许可量与"污染者付费"原则之间的冲突》一文中，从美国国内和国际两个层面介绍了排污权交易制度与污染者付费原则之间的冲突和协调机制。他指出排污权交易制度包括三个不可分割的阶段：设定一个允许排放总量；进行可允许排放量初始配置；进行可允许排放量之间交易。在论述可允许排放量初始分配问题上，结合美国的"酸雨计划"等提出了排污权初始分配祖父原则和拍卖的各自利弊。

"酸雨计划"主要设计者之一 Thomas Tietenberg 在《排放交易：原则和实践》一书中总结出排污权初始分配的四种基本规则：抽奖、免费、先到先得和拍卖，并阐述了四种原则的使用范围及其局限。Jennifer Yelin-Kefer 在《升至一个国际温室气体市场：美国"酸雨计划"实践教训》一文中提出设计一个排放制度计划应当注意的问题包括：排放市场的范围（规制的气体数量、合理基准线的设置、参与主体范围以及计划的阶段）；排放许可的配置（可允许排放量的初始分配、补助或补偿、排放银行）；计划的规制（追踪系统、检测监控系统和执行问题）。涉及排污权初始分配方面，作者提出祖父原则较之拍卖原则更具有可行性，这种可行性主要体现在政治上可以最大限度减少纷争，相反，拍卖原则尽管有诸多好处，但易引发政治、行政和平等方面的问题。政治学者 Hein-mililler 在《"限量+交易"政策的政治属性》一文中分析"总量+交易"制度包括的三个主要要素后，指出初始分配实质就是政府主导下在不同利益集团之间分配涉及环境的财产利益，故包括初始分配在内的排污权交易制度更多的是一个政治博弈过程。在这个过程中，无论采用英美法中广为人知的先占原则抑或采用普遍受欢迎的拍卖规则，首先应该基于一种政治上的考量而非经济或法律上的实证探讨。学者 Borenstein 通过研究计划和市场机制下排污权初始分配规则，提出免费为主过渡到拍卖为主的分配机制，在既定时间内通过比例过渡，可以避免宏观影响的不利冲击。学者 Carol M. Rose 在《为全球公共资源扩大选择：财产权体制和可交易之环境可允许排放量》等文中指出排污权交易制度第一步就是设置总的可允许资源使用量；第二步和第三步包括界定、配置和跟踪私人权利；第四步就是执行。排污权初始诸问题被放在第二步进行分析；紧接着从法经济学视角得出"广为推行的历史占有分配源之免费模式降低了企业生产能力并在一定程度上妨碍竞争"的一般结论。

第二，将排污权初始分配纳入财产权政府分配模式下或单独对其进行研究。

早期在这方面进行专门研究的当属环境政策专家 Elizabeth Rolph。1982 年 Rolph 在《财产权的政府分配：为什么和怎么样》报告中提出分配的财产权可交易或期限等诸多属性取决于国家环境资源政策、环境资源自身属性、分配类型和具体分配规则,财产权政府分配规则取决于多种考量,因此任何单一分配规则很难满足制度的多重需要。加州大学环境资源经济学者 Gary D. Libecap 在其一系列著作中指出财产权的几种分配具体规则:先占规则、抽奖规则、拍卖规则等。进而详细分析 5 种环境资源权利包括石油天然气开采权、水权、无线频谱资源、排放许可和渔业 ITQS 等财产权分配具体规则的实践运用情况。他指出,因为要考虑团体既得利益、交易成本、环境资源的物理和技术属性、参与讨价还价群体的数量和同质异质特性,故占有分配具体规则在上述权利配置中起着主导作用,至于拍卖规则和抽奖规则则很少采用。除了上述学者之外,近年来哈佛大学财产法学者 C. Rose 也通过多篇论文对排污权的配置问题进行了专门研究。

2. 关于排污权分配效率

Hahn(1990)研究了排污权初始分配方式的相关问题,在分配效率方面,他认为有偿的分配方式要比无偿的分配方式效率更高。S. Kerr(1996)也认为,在选择排污权初始分配方式时,有偿分配的方式会比无偿的效率更高。Borenstein(1998)的研究表明,在不完全竞争的市场条件下,不完全竞争促使一些效率较低的市场参与者可以通过排污权初始分配获取排污指标,从而不利于排污权市场的健康发展。Rosendahl(2000)的研究表明,如果排污权交易体制是闭合的,依据最新的排污水平来初始分配排污权是有效率的;而如果排污权交易体制不是闭合的,则依据最新的排污水平来初始分配排污权是有效率风险的。Sartzetakis(2004)研究了当排污权交易市场处于非理想状态下,生产成本和减排成本出现差异时,计划分配比市场分配更具优势的条件。Babiker(2004)认为当排污权进行无偿初始分配时会导致效率损失,从长远来看,排污权无偿分配不但会降低排污单位的生产能力,还有可能影响正常的市场秩序,阻碍市场的健康发展。Muller(2004)研究了排污权配额双向拍卖的市场效率问题,研究表明双向拍卖市场是很有效率的,即使有大量的买方和卖方。

3. 关于排污权价格

Lyon R(1982)指出影子价格是一种边际价格，反映资源得到最优利用时的价格，企业可以根据影子价格作出是否买卖资源的决策。该理论最初于20世纪30年代末由荷兰经济学家詹恩·丁伯根提出，其中影子价格指的是一种静态价格，用线性规划的方法计算出来，并能够反映社会资源是否获得最优配置。Egtere 等(1996)认为在排污权总量不变的情况下，如果排污权市场中存在某个价格决定者，在此价格下，厂商得到的初始排污权数量会决定其独占程度。Coggins 等(1996)利用参数模型的方法，研究了美国"酸雨计划"中的二氧化硫价格问题，推导出了二氧化硫的影子价格。Rene 和 Juri(2009)运用风险中性简化模型的方法来研究排污权价格，该模型能够表明价格在时间和空间上的波动性。

4. 关于排污权价格的影响因素

Woerdman(2000)认为合理的排污权定价机制才能保障排污权交易市场的健康发展，对排污权交易的活跃程度起着重要作用。当排污权定价机制出现错误选择或实际价值与市场分配价格出现偏差时都会影响市场排污权交易机制发挥作用。Peter(2005)依据美国国家环保局在20世纪90年代开展二氧化硫排污权交易的市场价格，研究了远期合约定价模型，并将该模型引入碳排放交易市场，阐述了储存机制对现货和远期市场价格的影响。Fehr 和 Hinz(2006)通过建立碳排污权价格形成模型，深入研究了碳排污权价格、燃料价格以及排污影响因素三者之间的关系。Springer(2007)研究了初始排污权分配的垄断问题，分析了垄断对排污权交易均衡价格的影响。Carolyn(2008)通过运用机会成本法研究了环境政策和公众参与这两个因素对排污权价格的影响，其研究结果表明，良好的环境政策会使排污权价格降低；而公众参与会导致排污权价格升高。Sartzetakis(2009)研究了具有垄断实力的排污权潜在买家或者在排污权交易市场上有重要作用的一些国家的政策都会使得研究价格高于排污权交易市场上的实际成交价格的现象。Tanaka 等(2012)研究了排污权交易中的市场势力，并提出一种价格操纵模式，即垄断厂商可以在市场上通过边缘厂商来操纵许可证价格。

二、关于排污权交易的国内研究

排污权交易吸引了国内学者，尤其是经济学和法学学者的关注，理论探讨热烈，研究成果也较为丰富。国内研究的成果主要体现在以下几个方面：

一是对国外排污权交易制度的介绍，论证中国引入该制度的必要性和可行性。如张梓太的《污染权交易立法构想》（1998）一文从市场经济条件必须更多地运用经济手段促进环境保护事业开展的角度，论证立法上应当建立污染权交易制度，在总量控制和浓度控制的前提下，逐步对环境资源进行有偿分配，获得该种资源的人可以将其推向市场进行交易，交易方式主要通过排污许可证有偿转让的形式进行。王金南等的《二氧化硫排放——中国的可行性》（2002）一书对美国二氧化硫排污权交易项目实施过程所获得的经验及其在中国应用的前景进行了分析，阐述了在中国使用排污权交易方法来降低二氧化硫排放总量的可行性。蔡守秋、张建伟的《论排污权交易的法律问题》（2003）一文论证了排污权交易作为一种以市场为基础的保护环境的手段，相对于传统行政控制手段的优势：既不制约或妨碍经济发展，又能实现环境和资源保护之目的；并就如何建立中国的排污权交易法律制度提出了具体的建议。曹明德的《排污权交易制度探析》（2004）一文将排污权交易制度定位为环境资源法的基本制度之一，是许可证交易制度在污染防治领域的表现，可以实现环境资源的优化配置。宋国君的《排污权交易》（2004）从控制中国酸雨污染的角度论证了排污权交易政策的重要性和可行性，对排污权交易的理论、美国的经验，到中国二氧化硫污染控制政策的发展进行了论述。幸红的《排污权交易及其法律规范》（2006）一文认为排污权交易制度作为重要的环境管理经济手段，能够有效降低环境负荷，达到保护环境之目的。在中国实施排污许可证制度，建立排污权交易市场，是有效控制环境污染、保证经济可持续发展的必然选择。该文就实施中国排污权交易法律制度必须解决的问题以及建立排污权交易市场的法律程序提出了可行的建议。赵惊涛的《排污权交易与清洁发展机制》（2008）一文认为排污权交易的产生是人类为解决环境问题提出的一个创造性的构想。《京都议定书》确立的清洁发展机制，使排污权交易成为全球范围的一个环保准则。因此，我国想要加快建设资源节约型、环境友好型社会的步伐，实现经济的可持续发展，就必须建构具有中国特色的排污权交易法律制度。

二是从理论上分析排污权交易，进行本国制度构建的具体思考。王小龙《排污权交易研究——一个环境法学的视角》(2008)一书探讨了排污权交易的理论基础，从排污权交易的制度渊源与实践发展角度分析了排污权交易的价值理念，并具体分析了排污权的性质及排污权的交易市场等内容。邓海峰的《排污权：一种基于私法语境下的解读》(2008)一书提出应适时转换排污权制度的国内法依据思维逻辑，通过把环境要素物权化的制度设计与传统民法的移转规则相连接，实现环境要素的优化配置，以置换原有行政法在资源配置问题上的僵化规范，消除实行排污权交易的法律障碍。沈满洪、钱水苗、冯元群、徐鹏炜等的《排污权交易机制研究》(2009)一书分析了排污权交易机制的总体框架构建，并就如何建立排污权交易机制的保障措施、排污权初始分配与有偿使用、污染源排污核算与监管体系、排污权交易模式、排污权交易平台构建、排污权交易的法律保障体系等方面提出了可行的建议。张小军的《试论排污权交易法律制度的构建》(2009)一文对我国构建完备的排污权交易法律法规体系、完善的排污权初始分配制度、健全的排污权交易市场制度、全面的排污权交易监测监管制度以及衔接关系清晰的排污权交易制度进行分析，并对适合中国国情的排污权交易法律制度等问题进行了深入的探讨。王清军的《排污权初始分配的法律调控》(2011)一书研究了初始分配机制在排污权交易制度构建中的地位、初始分配的基本规则，根据初始分配机制运行实践提出完善我国排污权初始分配机制的思路。

三是对中国排污权交易实践的分析和总结，以及完善该制度的具体建议。如张安华的《排污权交易的可持续发展潜力分析——以中国电力工业 SO_2 排污权交易为例》(2005)一书以新制度经济学的产权理论和交易理论为分析工具，对建立排污权交易机制的理论基础及其意义进行了分析，对部分国家排污权交易的实践和经验进行了总结，对建立排污权交易可持续发展潜力的评价方法和体系提出了意见，对建立中国电力工业二氧化硫排污权交易市场提出了建议。张梓太等的《排污权的公平分配初探——由我国各地排污权交易试点引发的思考》(2010)一文分析了国内几个试点地区的排污权初始分配情况，论证了政府决定排污权分配的正当性，并从功利主义到罗尔斯正义论论证分配公平性的问题。秦天宝、汪园的《排污权交易中的政府干预初探》(2009)一文提出市场失灵决定了政府必须对排污权交易的运行进行一定程度的干预。排污权交易下的政府干预与传统的命令——控制型管理方式下的政府管制在内容和功能上有很大的差异。对排污权交易中的政府干预应当进行正确的定位，在今后的排污权交易实践中提高政府干预的合理性是我国排污权交易发展的关键。彭本利、李爱年的《排污权交易法律制度理论与实践》(2017)一书对排污权交易法律制度的基本理论问题进行了系统的研究，从法学理论角度构建了排污权交易法律制度的基本范畴体系以及排污权交易动态运行的法律机理，在对我国排污权交易实践以及地方立法进行实证研究的基础上，就完善我国排污权交易法律制度提出了立法建议。

现有的研究中也不乏对该制度抱谨慎态度，甚至进行制度反思的成果。如钱水苗、周婵嫣的《试论排污权交易的谨慎实施》(2008)一文认为虽然排污权交易制度是我国从美国引进的用经济手段治理污染的方法之一，并在二氧化硫的治理上取得了一定的成效，但是，基于该制度本身的问题和我国目前的国情，该制度能否大范围地适用还是值得思考的。占红沣的《哪种权利，何来正当性——对当代中国排污权交易的法理学分析》(2010)一文认为排污权不是一项物权，而是基于国家行政许可所获得的附属性财产权，在内涵、目的与效力上都有其特殊性。由于市场机制的不完善与政府环境行政能力的限制，我国排污权交易的正当性有待进一步强化。魏静的《排污权交易制度的"冷思考"》(2011)一文认为排污权交易制度作为一种极具效率性的环境管理措施得到了广泛的认可，但其自身亦存在某些缺陷，无论在污染物总量确定环节、排污许可证分配环节还是在排污权自由交易环节均与"污染者负担"原则在一定程度上相冲突。因此，我国在设计和运用这一制度时，应客观地评价其价值，使得排污权交易制度与其他环境管理措施相互配合，充分发挥其保护环境的作用。

就目前的研究来说，在制度引入的初期，主要是对排污权交易制度国外实践经验的介绍，随着国内实践活动的开展，理论思考也更为深入，应该说，现有研究对排污权交易所涉及的相关理论问题都有所探讨和思考。然而不足之处也较为明显，表现在：首先，法学的专门研究成果不多，缺乏从法律制度构建视角进行的思考。对排污权交易的研究在经济学、管理学等领域开展得较早，研究的成果较多。出版的有关排污权交易的著作也大多是经济学和管理学方面的，法学的相关著作寥寥无几。总体而言，对于排污权交易的法学理论基础分析不足，并且已有的理论基础研究大多是介绍性的，缺乏全面的深入分析。其次，对排污权交易法律制度理论研究不够深入，法学学者在探讨排污权法律制度建构的时候，涉及的理论研究大多集中在排污权的性质、特征等的探讨，缺乏对排污权交易的范畴体系、内在结构、交易环节法律关系等基本问题的法学理论分析。这也就导致虽然我国中央和地方层面组织实施了排污权交易的试点，一些地方也出台了排污权交易的办法和规定，但当前的研究还不能有效地指导解决排污权交易实践中面临的困境。排污权交易理论研究亟待深入，特别是结合排污权交易实践中出现的问题提供有针对性的解决方案。

第三节　研究的内容与方法

一、研究内容

本书拟对排污权交易法律制度的基本理论进行系统总结，了解排污权交易动态运行的法律机理；对美国排污权交易机制实践经验进行总结，对全国成功开展排污权交易试点的省市经验进行实证研究，探讨排污权如何随着社会变化和经验积累而发展演化，分析在当前排污权交易中面临的挑战；落脚于湖北省排污权交易制度实施现状，从进一步扩大交易范围、创新交易机制、激活二级交易市场等方面探索湖北省排污权交易的发展路径。

二、研究方法

（1）调查研究法。通过广泛、深入地调查，了解排污权交易在我国的实践情况以及湖北省开展排污权交易的实践进展。

（2）案例分析法。对国内外排污权交易的典型实例进行分析，探讨排污权交易的国内外经验。

（3）比较研究法。通过共时性横向比较中外排污权交易的政策与法律实践，总结发达国家在应对排污权交易方面可供借鉴的经验；通过历时性纵向比较排污权交易的产生和发展演变的特点和趋势，分析我省目前相关法律政策存在的不足。

（4）多学科综合分析法。运用法学、经济学、行政管理学等学科的基本原理和分析工具，探究排污权交易的根源，多学科综合研究排污权交易的机理。为我省排污权交易法律制度的完善提供路径选择和框架设计。

第二章　排污权交易的理论要点

排污权交易是一种环境经济手段。从经济学的角度来说，环境问题的产生是因为环境资源属于非排他的公共产品，个体对其使用缺乏内在的动力，因而在对环境资源的利用中容易酿成"公地的悲剧"，产生负外部性效应。庇古(Pigou)在1928年《福利经济学》中明确地提出污染的外部性问题，并建议采用比如征收环境税或补贴的方法来内化外部成本。外部性理论揭示了污染问题的外部性质，为后人采用经济手段来解决环境问题奠定了坚实的理论基础。为破除"公地的悲剧"，对于环境问题的解决需要加强和改善政府对市场的干预和管理，有效的做法是通过征收"庇古税"将外部成本内部化。然而完全依靠政府公力行为也会产生政府失灵，并不能从根本上解决外部性问题。以科斯为代表的新制度经济学派提出的产权理论认为只要明确界定产权，外部性问题就可以通过市场交易得到有效解决，并实现资源的最优化配置。在科斯理论的启发下，各国开始通过确定环境产权并开展市场化交易来解决污染问题，排污权及排污权交易即是在此种背景下产生和发展的。市场经济是法治经济，排污权交易需要在法律上确认排污权的法律属性，以及在交易过程中相关主体的权力、权利以及义务，构建排污权交易的法律制度框架，从而促进交易活动的顺利开展。

第一节　排污权的法律属性

排污权是随着环境污染日益严重，人类社会在对生态环境资源的价值重新认识的基础上形成的一种新型权利。生态环境对人类生产、生活活动所排放污染物的吸纳能力是生态承载力的重要表现。然而环境的纳污能力和自净能力是有限的，对污染物排放行为如果不加以约束和限制，超出生态承载力将会导致严重的生态系统失衡，危及人类社会。为实现人类社会的可持续发展，对污染物排放行为加以限制和约束是必要的。经济学主要是从成本和收益的角度对排污权利进行界定，来更有效率地减少污染物排放。从市场运作的角度来说，排污权要作为一种市场化可以交易的权利，需要法律对其权利属性予以确认，通过一种国家强制力来界定污染物排放权利、义务的内容及交易机制。明确排污权的法律属性，是设计其交易机制的基础。

一、排污权法律属性界定的缘起

在经济学家看来，环境问题的产生是因为环境资源属于非排他的公共产品，因而在对环境资源的利用中容易酿成"公地的悲剧"，产生负外部性效应。为破除"公地的悲剧"，对于环境问题的解决需要加强和改善政府对市场的干预和管理，通过征收"庇古税"将外部成本内部化。然而完全依靠政府公力行为也会产生政府失灵，并不能从根本上解决外部性问题。

与庇古的思想不同，1960年科斯在《社会成本问题》一文中提出可利用市场交易方式来解决负外部性问题，即假定交易成本为零（或很小，可以忽略不计），只要产权被清晰界定，无论产权如何分配，都能够通过在市场上进行交易达到最优配置。Crocker于1966年提出把产权手段应用于大气污染控制方面的可能性。随后，美国经济学家戴尔斯（Dales）于1968年在其著作《污染、财富和价格》中首次提出"排污权"的概念。戴尔斯在前人理论的基础上，将排污权与产权有效结合，将其作为买卖交易的标的，提出了排污权交易的概念，为排污权交易的后续发展奠定了理论基础。鲍莫尔和奥茨在研究并承认戴尔斯研究成果的基础上，提出了拍卖许可证作为排污权交易的一种方式。最先证明排污权交易可行的是Montgomery。1972年，Montgomery率先应用数理经济学方法，在排污权交易政策的成本效益研究方面严谨地证明了排污许可贸易体系具有实现污染控制目标的最低成本的特征，从理论上证明了基于市场的排污权交易系统明显优于传统的环境治理政策。Montgomery 认为，排污权交易系统的优点是污染治理量可根据治理成本进行变动，这样可以使总的协调成本最低。因此，如果用排污权交易系统代替传统的排污收费体系，就可以节约大量的成本。在科斯理论的启发下，各国开始通过确定环境产权并开展市场化交易来解决污染问题，排污权及排污权交易即是在这种背景下产生和发展的。

在经济学上，产权是财产主体通过财产客体而形成的人与人之间的经济权利关系，不仅是指对财产的所有权，还包括对财产的使用权、用益权、决策权和让渡权，换句话说，产权是一组权利束，所以它除了排他性、可交易性等属性外，还具有可分解性。产权是市场化交易的必要前提，只有明晰的产权界定才可以降低交易成本，提高资源配置效率。在交易成本为正的情况下，不同的权利界定和分配会带来不同效率的资源配置。法律是将经济学上产权的概念转化为法律上的权利。从法律意义上来说，对环境资源纳污能力的利用是对环境容量的使用，环境容量资源的所有权和使用权是可以分离的，污染物的排放就是在使用环境容量资源，所以排污权就是排污单位对环境容量的使用权。排污权交易这种经济手段在社会中的运作需要法律确认一种新型的权利——排污权。合法的排污权界定和初始分配是启动市场配置资源的前提，是排污权交易市场化的基础。

二、围绕排污权法律属性的争论

排污权是指排污单位在行政许可的排污指标数量以内按照排放标准向环境排放污染物的权利，目前使用"排污权"这一概念的试点省市均对排污权的属性作出类似规定。该权利表现为合法的污染物的排放权，它是企业依法排放生产废物的权利，是企业的一项实际存在的生产性和经济性权利。对于排污权法律属性的界定，有学者认为排污权不具有权利属性，并不是真正意义上的法律权利；另一派学者则赞同排污权的权利属性，并围绕排污权属于何种权利展开了激烈争论。

1. 反对排污权成为法律上的权利

关于"排污权"究竟是不是一种法律"权利"的问题，学者们曾经展开激烈的讨论。持反对意见的学者认为排污权缺乏权利的基本要素，"排污权只是表征排污者基于政府让渡而支配公众部分利益的法律状态"。① 持反对观点的学者的主要理由是，如果认定排污者的"权利"，便是授予排污者污染环境的权利，这在道德和法律上都让人产生困惑。依据法律对一种行为不予以禁止即为合法的法理，如果排污行为果真具有正当性就无需法律予以宣告。从排污行为自由到许可的变迁历程也可以推断，设置排污许可不是旨在宣示权利，而是体现了立法者要倡导一种更加谨慎、负责的排污方式。面对环境污染十分严重的现状，"排污权"环境义务的性质应当予以强调。排污是企业等经济主体的自然权利，但并不是法定权利。企业等排污单位要维持这样一种自然权利的状态，必须满足一个社会条件，即不得超过环境容量，否则，它就不再自然享有这种随意排污的自由。现有的授予企业的排污指标，应该被认为是在政府的严格监管之下的为保障公民的适宜环境权的一种环境义务，在相关配套制度的安排中也应当体现排污权环境义务的特质。"排污许可是一种政府管制而不是赋权，排污许可本质上是政府代表公众对公众环境利益的一种附条件的让渡；排污权只是表征排污者基于政府让渡而支配公众部分环境利益的法律状态。"②

2. 排污权属于何种权利之争

目前，学界的主流观点认为排污权是一种权利，代表性的观点主要有如下几种：

一是排污权是环境权。此观点以蔡守秋教授为代表，他认为："既然在现行条件下，单位和个人为了生产和生活还必须排污，并且这种排污已经获得政府的许可，那么这种获得许可的排污就理所当然地成为单

① 毛仲荣：《对"排污权"法律属性的再认识——从分析"环境容量"的特性入手》，载《石家庄经济学院学报》2015 年第 1 期。
② 毛仲荣：《对"排污权"法律属性的再认识——从分析"环境容量"的特性入手》，载《石家庄经济学院学报》2015 年第 1 期。

位和个人的权利。"①环境权是一种丰富的人权，包括很多权利，公民和企业法人对环境的使用权和依法排放废物的权利就是建立在环境权基础上的"种权利"或"子权利"。②

二是排污权是物权。在此范畴内又有诸多争论，概括起来主要有三点：(1)排污权是用益物权。"排污许可证交易仍然是一种买卖制度，法律上理应归入债权制度之中。为构建一种新的债权关系，必须要以一定的物权为前提。"③"排污权交易属于动态之债权，其前提应该是排污权作为一种物权的确立。中国排污权交易制度的构造，首先的着眼点就是在法律上确立排污权的用益物权地位"，"科斯在对社会成本的论证之中，是将排污作为一种权利进行处理的，这一理论的应用已经使得排污权在中国成为一种现实的权利，将排污权从现有立法和实践中提炼出来，确立它的用益物权地位。这与物权法定的原则并不矛盾，也与民法对于物权的理解是一致的"。④"通过明确排污权为用益物权，将其纳入物权体系，在排污权交易的制度安排上将更有利于解决外部性问题和实现资源优化配置及环境保护之目的。"⑤"排污权虽然是用益物权，但是和其他的用益物权相比，排污权是具有自身的特殊性的一种新型用益物权。排污者享有环境容量使用权时，并无相对的义务人。"⑥(2)排污权是准物权。排污权是依据行政许可方式取得的，是一种具有公权色彩的私权。"因其以权利人对环境容量的使用和收益为权利内容，而不以

---

① 蔡守秋、张建伟：《论排污权交易的法律问题》，载《河南大学学报(社会科学版)》2003 年第 5 期。

② 何延军、李霞：《论排污权的法律属性》，载《西安交通大学学报(社会科学版)》2003 年第 9 期。

③ 高利红、余耀军：《论排污权的法律性质》，载《郑州大学学报(哲学社会科学版)》2003 年第 5 期。

④ 高利红、余耀军：《论排污权的法律性质》，载《郑州大学学报(哲学社会科学版)》2003 年第 5 期。

⑤ 宋晓丹：《也论排污权的法律性质》，载《南方论刊》2009 年第 8 期。

⑥ 李霞、狄琼、楼晓：《排污权用益物权性质的探讨》，载《生态经济》2006 年第 6 期。

担保债权的实现为目的，故排污权属于他物权；又因其与一般的用益物权在权利对象、行使方式、权利效力等诸方面存在明显的不同，所以学者们一般将其定性为准物权。"①(3)财产所有权。作为交易的客体，排污权首先是一种财产权，而且只有确立了排污权的财产权性质，才能使排污权交易从理论走向现实。"排污权"实际上就是排污主体的"财产所有权"。② "没有静态物权的存在，也就不可能有动态债权。排污权交易从法律属性上来说，属于债权制度的一部分，其前提必然是一定的静态物权的存在，即排污权在法律上作为一种物权的确立。"③(4)排污权是环境容量使用权。"排污权实际上是环境容量使用权。""排污权虽然是用益物权，但是和其他的用益物权相比，排污权是具有自身的特殊性的一种新型用益物权。排污者享有环境容量使用权时，并无相对的义务人。"④环境容量是指一定范围内的大气或水体容纳污染物的数量，其通过量化并以凭证公示。环境资源具有两个形态，即经济形态的环境资源和生态形态的环境资源。环境容量本身是一种环境资源，应该能够为物权法所承认，排污权可以用环境容量使用权来表述。环境容量量化的过程使其具有了独立性；对环境容量使用价值的发挥完全符合以物的使用价值的实现为目的的用益物权的特性。

三是从公权力视角出发对排污权进行分析。如刘鹏崇、李明华(2009)认为，"出于对我国环境污染问题以及面临严峻污染防治形势的考虑，应当将排污权视为一种政府严格管制下的环境保护制度性安排。排污权应当具有环境义务的特性"。⑤ 也有学者通过对排污权公私法属性的比较后，提出了用公法对其规制的观点，他们认为，应当将排污权及其交易制度规定在公法中，原因在于，如果将排污权纳入公法领域，

---

① 崔建远：《准物权研究》，法律出版社 2003 年版。

② 李玮：《论排污权的法律属性》，载《知识经济》2008 年第 4 期。

③ 宋婧：《排污权的法律属性分析》，载《科技信息》2007 年第 10 期。

④ 李霞、狄琼、楼晓：《排污权用益物权性质的探讨》，载《生态经济》2006 年第 6 期。

⑤ 刘鹏崇、李明华：《法权视角下的"排污权"再认识》，载《法治研究》2009 年第 8 期。

那么可以对排污权进行有效管制，防止排污权被滥用，带来对公共利益的损失。反之，假如将排污权及交易纳入私法，私益主导下的排污权时常会出现侵害公共利益的现象。①

还有学者提出了超越公法和私法领域的第三条道路——"新财产权"理论。代表性学者王清军认为："在处理排污权的法域归属时，可以参考美国学者的'新财产权'理论观点，这种理论认为，不能简单将某些财产性权利归于公法或者私法，同样，排污权亦有上述'新财产'的权利属性。"②

三、排污权法律属性争论的评析

排污行为是人类生产生活的一种方式，不为法律所禁止，是一项自然权利。但随着工商业活动的日益频繁，人类的排污能力远远超出了环境的承受能力，至此，为了维护公共的环境利益，法律通过行政许可的方式，考虑环境资源要素承载污染的能力，在其可承受的能力范围内，将一部分环境利益转让给排污行为人，赋予其排污的资格；而不具备排污资格的行为人则被禁止排污行为。授予排污资格即为权利的法定化，将排污权从一项自然的权利转为一项法定权利。此种权利是一种有限权利，不能超过行政许可的范围。

排污权虽然是一种权利，但其不应当属于环境权。1972 年 6 月通过的《人类环境宣言》将环境权作为基本人权规定了下来。环境权的最初内涵是特指公民的环境权，而且是特指公民享有适宜健康和良好生活环境的权利，是一项为保障人的生存和生存质量的基本人权。其内容主要是一些生态性的权利（比如日照权、通风权、安宁权、清洁空气权、清洁水权和观赏权等权利）和为保护和持续享用这些生态性权利而享有的参与国家环境管理的权利，以及公民有对污染破坏行为进行监督、检

---

① 张式军、曹甜、胡志遥：《排污权内涵的法学解读》，载《环境与可持续发展》2010 年第 2 期。

② 王清军：《排污权法律属性研究》，载《武汉大学学报（哲学社会科学版）》2010 年第 5 期。

举和控告的权利，其核心是公众的环境权益。但目前的环境权已经极度膨胀，形成"庞大而完整"的环境权体系。扩大化的环境权内涵实际上弱化了公民环境权的基本人权色彩，而公民环境权本是为了防范企业等经济实体超总量标准排污的一种制度安排，将实践中尖锐对抗的排污和防范排污的权利都收容在一个环境权的概念中似乎不是很合乎逻辑。因此，本书不赞同将排污权归属于环境权。

排污权也不应当归入物权体系。如果从物权的角度来理解，排污权是要用来交易的，可以给"出卖"排污权的市场主体带来经济利益，交易的客体就必然是一种"物权"——使用权或准物权等财产权。然而从排污权的产生来看，排污权虽然是国家尤其是环境管理机关针对"环境容量"的可利用限度所做的一种可给相对人带来财产收益的制度安排，但这种安排的初衷并不是界定自然物的初始产权，其价值追求在于环境保护，是一种引导企业等排污者履行其法定环境保护义务的激励机制，着重点不在排污许可证的持有人对"环境容量"这种物所享有的某种权利和所能带来的收益。另外，被学者认为是排污权权利客体的"环境容量"是基于物理的、化学的或生物的机制，环境系统所具有使排放在其中的污染物无害的最大自净能力，它是指在人类生存和自然环境不致受破坏的前提下，某一环境所能容纳污染物的最大负荷量。这种"环境容量"也可解释为一种环境承载力。"环境容量"是特定技术条件下约束我们人类经济发展总量的环境因素，也是经济发展和环境保护相协调、实现可持续发展的可能性之所在。"环境容量"和有形的物相比具有自身的特点，它具有准公用品的特性，不能因为它具有稀缺性，就忽略其公用品的特性，简单地类推和套用"物权法律制度"。[①]

理解排污权的性质，必须将其放在排污权交易这个过程中。从"排污权交易制度"的发源地美国具体排污权交易的制度运行来看，排污权

---

① 参见刘鹏崇、李明华：《法权视角下的"排污权"再认识》，载《法治研究》2009 年第 8 期。

交易应当被看作一个新的"行政许可"。具体来说，美国的排污权交易法律和政策体系主要由排放减少费用、泡泡、总量控制、抵消/补偿、净得和银行政策组成，按照这一制度，国家在总量控制之下，通过排污许可证形式将排污权分配或拍卖给排污者，并允许排污者依据自己的减排情况，将节余的指标进入市场进行抵消等流转，弥补自己为减排所花费的治理污染的支出。即排污权交易制度中的交易并不是自由的，而是在政府环境行政主管部门的严格监管下，依据严格的程序来进行的，减排的排污指标之所以可以流转并带来收益，是基于抵消，而不同于传统的交易。排污权的出卖者之所以可以在"排污权交易"中获利，是根据行政法的信赖保护原则，而并非对特定环境容量的使用。毫无疑问，获得排污许可是企业等经济主体从事生产经营活动，获得经济收益的必要前提，他们根据所持有的排污许可证，必然要产生信赖利益，并且这种信赖利益因其具有正当性而应当得到保护。我国《行政许可法》中明确规定了行政机关不得擅自改变以往生效的许可。当环境保护行政机关因为提升环境质量和促进经济发展的需要，变更这种许可时，就应当而且必须补偿相对方的信赖损失。在排污权交易制度中，因为交易是一个新的许可，将一定额度的排污指标由"排污权的出卖方"变更为更需要、利用度更高的"排污权的买入方"，"排污权的买入方"基于这个变更取得了一定的利益，这笔补偿费用便由"排污权的买入方"来承担了。①

排污权是指排污单位在行政许可的排污指标数量以内按照排放标准向环境排放污染物的权利，目前使用"排污权"这一概念的试点省市均对排污权的属性作出类似规定。从实践中的概念来看，其更强调的是排污行为行政许可的性质，而回避了排污权的物权属性。环境容量是指某一环境能够容纳的污染物的最大数量，表征的是生态环境的自净能力，是物的功能，而不是物本身。将排污权归属于用益物权、准物权以及环

---

① 参见刘鹏崇、李明华：《法权视角下的"排污权"再认识》，载《法治研究》2009 年第 8 期。

境容量使用权的前提条件不成立，且将排污权归入物权体系与传统的物权理论与物权制度的思路存在困境，不能简单地通过扩大解释或变通将排污权的法律属性界定为用益物权、准物权及环境容量使用权。

四、排污权属性的再认识

排污权作为一种自然资源使用权是基于其生态功能，通过排污指标的分配与交易来获取利益的权利，但仍属于资源的使用范畴，是一种功能性的权利，是对具有纳污能力的自然资源利用的总称。由于排污权的取得需要经排污主管部门许可享有，行政相对人享有的排污权属于行政受益权的范畴。从性质上讲，排污权是一项行政法权：在权利取得方面，排污权根据公法规范而获得；在权利确定及行使过程中，排污权需要行政主体的分配与认可；在权利交易或转让方面，需要行政主管部门的适度介入或依法监管；在权利功能实现方面，更多倚重行政强制规范作用和行政指导作用。

其次，排污权许可的内容本身并不具有财产内容，它不是民法上的财产。但是，许可本身为被许可人创造了一种"事实上的财产权"。排污权具有一定的经济价值且能够排他地享有，它能为当事人带来一种利益或利益的可能性。权利主体在法律许可范围内，有权根据自己的意志将这种可能性或期待性转化为现实的财产利益；权利主体可以依照规定将其贮存，以利于未来扩大生产；权利主体也可将其出售，以获取增值利益；甚至权利主体可以将其质押或抵押，实现融资功能。这种"事实上的财产权"具有排他性，通过行政许可获得此权利之后，排除他人干涉和侵犯（政府除外），并具有流通性和可测量性，具有法定财产权的外在特征，接受私法的调整。

再次，排污权是一种功能性权利，功能性是其根本属性。不仅其产生是基于自然资源的纳污净化功能，而且在其行使过程中具有一系列激励、促进、节约、引导等有关环境保护和减排的功能。在排污权交易制度的运行过程中，卖方通过各种合法手段超量减排而剩余排污权份额，其出售排污权份额获得的经济利益回报，实质上就是市场对有利于环境的外部经济性的补偿；买方由于无法按政府要求减排而购买排污权份额（或投资污染防治技术），其所支出费用实质是外部不经济性的代价。排污权交易制度就是借助市场机制特有的激励功能促使污染治理责任在各个排污主体之间进行合理分配，促使主体达标排放。

综上所述，排污权作为一种环境容量资源使用权，是通过行政许可赋予权利主体向环境资源要素排放污染物的权利，是一种行政受益权，具有公法属性；与此同时，权利主体获得排污权以后，即取得一定的排他权属，可以在法律规定的范围内根据功能主体自己的意愿对其行使占有、使用、收益和处分的权利，具有财产权的一般属性，具有私法属性。因此排污权具有公私法的双重属性，接受公法和私法的双重调整。公私法的双重调整使其功能性的权利属性得以实现和保障。实践中也基本是采信排污权为环境容量使用权的理论。按照《湖北省主要污染物排污权交易办法》，排污权是指在排污许可核定的数量内，排污单位按照国家或者地方规定的排放标准向环境直接或间接排放主要污染物的权利。

第二节　排污权交易的界定与特点

排污权交易是经济学家从环境问题的经济根源入手思考出的经济管理手段，目的是通过市场机制的经济刺激作用，降低污染物减排成本，实现环境资源优化配置。排污权交易是利用经济手段解决外部性导致的市场失灵问题，其原理是：在满足环境要求的条件下，通过建立合法的污染物排放权利，并允许这种权利像商品一样被买入和卖出，以此来控制污染物排放总量。

排污权交易最早适用于美国 SO_2 排放配额交易项目（"酸雨计划"）、南加利福尼亚区域清洁空气激励市场项目（RECLAIM），以及美国东北 NO_X 交易项目。这些项目的成功实施使得排污权交易成为一项重要的环境经济政策。主要污染物排污权交易指的是用排污权手段减少主要污染物对环境的影响，旨在利用市场竞争和价格杠杆机制引导企业进行减排，在实现污染物总量控制目标的同时减少社会总治污成本和绿色技术创新。为解决温室气体排放问题，排污权交易被用于碳排放贸易。[①] 2002 年英国排放交易体系(UK ETS)成立，成为全球第一个二氧化碳排放权交易市场。2003 年，芝加哥气候交易所(CCX)成立，是全球第一个自愿参与温室气体减排的交易平台。2003 年，澳大利亚新南威尔士州温室气体减排计划(NSW GGAS)启动，是全球最早实施的强制性减排计划之一。[②] 2005 年欧盟碳排放贸易机制(EU ETS)成立，成为全球最大的温室气体交易市场。2006 年，加拿大蒙特利尔气候交易所成立。2008 年，新加坡贸易交易所及新西兰排放体系等其他环境交易所陆续成立。[③]

　　主要污染物排污权和碳排放权交易的理论基础都是科斯产权理论，即在总量目标下通过产权的清晰界定赋予环境容量资源稀缺性及价值性，企业通过排污权交易实现生产成本最小化和利润最大化。主要污染物排污权交易类似于美国排污权交易制度中的排放削减信用机制，实行的是配额差额交易，其虽然有总量目标、排污权配额交易等环节，但是企业在二级市场中所交易的配额是经政府所核定和认定且覆盖排污量后剩余的部分配额。而且，在排放削减信用机制中只支持企业在特定范围内交易。可以说主要污染物排污权交易实际上只是在命令——控制型政策的基础上给予了企业一定的灵活性，并不是完全意义上的环境经济政策，只能称之为"总量控制目标下的排放削减信用"。[④]

　　我国从 1987 年开始在上海闵行区开展主要污染物 COD 的排污权交易实践，2011 年发改委批准五省两市开展碳排放权交易试点工作，从此形成了我国主要污染物排污权和碳排放权交易齐头并进的局面。我国

---

　　① 王金南、董战峰：《中国的排污权交易实践：探索与创新》，载《第十一届中国技术管理年会论文集》，2014 年。

　　② 王润卓：《全球碳交易市场概况》，载《节能与环保》2012 年第 2 期。

　　③ 王金南、董战峰：《中国的排污权交易实践：探索与创新》，载《第十一届中国技术管理年会论文集》，2014 年。

　　④ 吴朝霞、曾石安：《建立我国统一框架下的排污权交易机制》，载《人文杂志》2018 年第 8 期。

主要污染物的排污权交易已经实践了 30 多年，目前除了"十二五"规划中的二氧化硫（SO_2）、化学需氧量（COD）、氨氮（NH_3-N）、氮氧化物（NO_X）四项主要污染物外，有些省份还综合考虑省内污染物的影响程度，增加个别标的。如江苏增加了总磷（TP）、挥发性有机物、总氮（TN）三项指标；湖南增加了铅、镉、砷三项指标；山西增加了烟尘、工业粉尘两项指标；重庆增加了一般工业固体废弃物、生活污水、生活垃圾三项指标；山东增加了烟尘一项指标；个别省市如天津、云南、吉林等则暂时采用二氧化硫和化学需氧量作为排污权交易指标，而氨氮和氮氧化物则随着排污权工作的推进而覆盖；湖北、内蒙古、陕西、河北等省份、自治区与国家主要污染物一致，没有新增指标。[①] 由于主要污染物排污权在我国率先展开实践，学者的研究主要集中于主要污染物排放的排污权交易。本书的研究也集中于主要污染物的排污权交易。

一、排污权交易的界定

排污权交易的一般做法是：首先由政府部门根据当地经济发展现状、趋势、社会环境等因素确定该区域的环境质量目标，据此核定该地区的环境容量，然后推算出各种主要污染物的最大允许排放量，并将这个最大排放量分成若干份，形成排污权。政府通过公开竞价拍卖、定价出售或无偿分配等方式对排污权进行初始分配。与此同时，政府需要建立排污权交易市场以保证排污企业能够合法、顺畅地买卖排污权。取得排污权的排污企业根据各自污染治理成本的差异、排污权需求量等因素，自主决定是否在排污权交易市场上购买或者出卖排污权。

企业积极削减排污总量剩余的排污权可以通过交易获利，能够调动排污企业的积极性来实现污染物总量的削减。故而有学者认为"排污权交易是一种以市场为基础的经济政策和经济刺激手段，排污权的卖方由于超量减排而剩余排污权，出售剩余排污权获得的经济回报实质上是市

---

① 吴朝霞、曾石安：《建立我国统一框架下的排污权交易机制》，载《人文杂志》2018 年第 8 期。

场对有利于环境的外部经济性的补偿；无法按照政府规定减排或因减排代价过高而不愿减排的企业购买其必须减排的排污权，其支出的费用实质上是为其外部不经济性而付出的代价"①。"排污权交易是指管制当局制定总排污量上限，按此上限发放排污许可，排污许可可以在市场上买卖。该手段的实质是运用市场机制对污染物进行控制、管理。它把环境保护问题、排污权交易同市场经济有机地结合在一起。"②这些定义强调的是排污权的经济管理手段特点，对于排污权交易客体究竟是一项法定权利，还是其他利益，学者有不同观点，而理解排污权交易的学理内涵是构建适合我国国情的排污权交易法律机制的基础，有必要对此进行梳理。对于排污权交易的内涵，国内学者主要有以下几种意见。

1. 污染权交易说

在排污权制度进入中国的早期，很多学者认为排污权交易制度交易的是排污权，污染权交易的内涵是"政府作为社会的代表及环境资源的拥有者，把排放一定污染物的权利像股票一样出卖给出价最高的竞买者。污染者可以从政府手中购买这种权利，也可以向拥有污染权的污染者购买，污染者相互之间可以出售或转让污染权。通过污染权交易，有助于形成污染水平低、生产效率高的合理经济格局，同时也避免了征收排污费制度中存在的一些缺陷，保证排污费超过减少排放的极限成本，最终促使环境质量随经济增长而不断改善"③。"排污权交易是指在污染物排放总量控制指标确定的条件下，利用市场机制，通过污染者之间交易排污权，实现低成本污染治理。其基本思想是，由环境部门评估某地区的环境容量，然后根据排放总量控制目标将其分解为若干规定的排放量，即排污权。这种排污权被允许像商品那样在市场上买入和卖出，以此来进行污染物的排放控制。只要污染源之间存在边际治理成本差

---

① 蔡守秋：《论排污权交易的法律问题》，载 http://www. riel. whu. edu. cn/article. asp？ id=24876，访问日期：2012 年 3 月 29 日。

② 肖江文：《排污权交易制度与初始排污权分配》，载《科技进步与对策》2002 年第 1 期。

③ 张梓太：《污染权交易立法构想》，载《中国法学》1998 年第 3 期。

异，排污权交易就可能使交易双方都受益。"①该派学者对于排污权的权利属性也有不同理解。有学者认为排污权实质是环境容量使用权，是为了调和对环境容量资源的竞争性使用而产生了这种特别法上的物权。在他们看来，环境容量具有一定的自净能力，排污行为并不必然造成对环境的污染，排污者绝没有任意污染环境的权利。而且政府向污染者出售排污权和污染者之间转让排污权都属于排污权交易。但是这个观点只是描述了政府与排污者之间形成排污权的初始分配关系，并不能涵盖污染者之间进行交易的过程。另外，该观点对于政府的定位不够准确，政府具有社会代表和环境资源拥有者的身份无疑是正确的，但政府并不只是普通的市场参与者。排污权交易不是一个纯粹的市场行为，它在各个阶段都需要政府作为交易之外的监管者监督交易过程，使其不损害社会整体利益和生态利益。而且排污权交易只能在总量控制地区进行，总量控制是交易的实施基础，该观点没有明确这一点。② 也有学者将排污权交易直接理解为排污指标交易，或者是环境容量使用权交易，并未对此进一步区分，而是将排污指标和环境容量使用权统称为排污权。③

2. 许可证交易说

这种观点认为，"环境资源法的基本制度之一——许可证制度的一个新的发展趋势是许可证交易制度或者'买卖许可证'制度，在污染防治领域主要表现为'排污权交易'制度。所谓'排污权交易'制度，是指在实施排污许可证管理及污染物排放总量控制的前提下，激励企业通过技术进步和污染治理节约污染排放指标，这种指标作为'环境容量资源'、'有价资源'或'存储'起来以备企业扩大生产规模之需，或在企业

---

① 卢宁：《论排污权交易在中国实施的可行性》，载《2002 年中国法学会环境资源法学研究会年会论文集》，2002 年。

② 王小龙：《排污权交易研究——一个环境法学的视角》，法律出版社 2008 年版。

③ 卢宁：《论排污权交易在中国实施的可行性》，载《2002 年中国法学会环境资源法学研究会年会论文集》，2002 年。

之间进行有偿转让"。① 总量控制的实施和许可证的分配都需要政府，实施交易过程也离不开政府的监管。"排污权交易制度又称排污指标交易制度，指在特定区域内，根据该区域环境质量的要求，确定一定时期内污染物的排放总量，在此基础上，通过颁发许可证的方式分配排污指标，并允许指标在市场上交易。"②许可证体现的就是国家分配的排污指标，有学者直接用交易指标作为排污权交易的客体。"排污权交易又称买卖许可证交易，是在环境部门监督管理下，各个持有排污许可指标的单位在有关的政策、法规约束下进行的交易活动。"③持这类观点的学者认识到了政府监管在排污权交易中的重要作用，指出排污权交易的前提是总量控制和许可证管理，认识到政府在排污权交易中不可缺少的作用。"排污权交易是为了控制一定地区在一定期限内的污染物排放总量，充分有效地使用该地区的环境容量资源，鼓励企业通过技术进步治理污染和企业间相互购销排污许可，提高治理污染费用的效率，最大限度地节约防治污染费用的一种以市场为基础，以政府有偿分配排污指标为前提的经济政策和市场调节手段。"④持此派观点的学者指出了排污权交易的主要优势在于其经济上的合理性，即低成本。但是，排污权交易完全凭借市场力量很有可能在个别污染者实现低成本的同时造成全社会的高成本，如污染物向特定地区富集、交易价格最终达到均衡而使环境质量无法进一步改善等。如何借助政府的力量以实现经济利益和环境利益的统一是排污权交易具体实施过程中需要衡量考虑的。

综合以上学者的观点，本书认为，排污权交易是为了控制一定地区在一定期限内的污染物排放总量，在事先确定污染物排放总量控制指标

---

① 曹明德：《排污权交易制度探析》，载《法律科学》2004 年第 4 期。

② 幸红：《中国排污权交易立法框架设想》，载《中国律师》2003 年第 12 期。

③ 庞淑萍：《论我国实行排污权交易制度的可行性》，载《能源基地建设》1998 年第 6 期。

④ 李爱年、胡春冬：《环境容量资源配置和排污权交易法理初探》，载《吉首大学学报(社会科学版)》2004 年第 3 期。

的前提下，由政府作为环境容量资源的拥有者以许可证的形式授予排污者环境容量使用权，不同排污者基于在污染治理上存在的成本差异，可以依据有关法律法规，通过市场机制，平等、自愿、有偿地转让节余排污指标，以刺激污染物排放量的削减，实现总量控制，从而达到减少排放量、保护环境的目的。实践中也多采用此种观点，如《湖北省主要污染物排污权交易办法》第三条规定，本办法所称的主要污染物排污权交易是指在满足环境质量要求和主要污染物排放总量控制的前提下，排污单位对依法取得的主要污染物年度许可排放量在交易机构进行公开买卖的行为。

一方面，排污权交易必须以总量控制为条件，只有通过总量控制才能明确环境容量的稀缺性，使环境容量成为经济物品；另一方面，明确企业对环境容量资源的产权，这是排污权进行市场交易的先决条件。排污权交易的目的是控制一定区域内的污染物排放总量，交易的前提是行政主管部门在初始分配中有偿配置排污许可指标，该指标在我国表现为排污许可证的形式。有关排污指标分配、转让的程序、方式、法律效力、监督监测等法律规定的总称便是排污权交易制度。需要注意的是，在排污权交易中买卖的是节余排污指标，即剩余的、闲置的和停用的排污指标的统称。

如果该区域的环境容量已呈饱和状态，就不会有排污权剩余，排污权交易就无从谈起。建立合法的污染物排放权利是排污权交易的主要思想，达到对污染物的排放进行总量控制的目的。这一权利通常是以排污许可证的形式表现出来的排污指标。排污指标是排污者经过申请、审批和初始分配后获得的特定污染物的排污权。

获取排污指标的排污者在改进生产工艺、提高生产技术、加强生产管理后，有可能减少污染物的排放，从而剩余一定的排污指标；也可能出现季节性的减产和转产，从而暂时闲置一部分排污指标；还可能出现生产经营困难而临时或永久地停产，从而停用的一部分排污指标，这些排污指标就构成了节余的排污指标。已经使用了的排污指标表明排污者对相应环境容量资源的实际使用。尚未使用的节余排污指标并未占用相应的环境容量资源，排污者可以将对该部分环境容量资源的使用资格转让给其他排污者。① 以上这些环境容量使用权才构成了富余环境容量使用权，成为排污权交易的对象。②

通过排污权交易，政府用法律制度将特定环境容量的使用权这一经济权利与市场交易机制相结合，通过政府的"有形之手"和市场的"无形之手"共同发挥对环境容量资源最高效率利用的作用。虽然排污权交易是以污染物排放总量控制为前提，实际是可以起到削减个体污染者污染物排放量的作用。在生态环境主管部门的监督管理下，在经济利益的激励下，排污权交易可以倒逼污染物排放企业改进生产方式、减少污染物排放量，实现绿色生产的目的。排污权交易机制实质上是通过环境容量资源的优化配置，实现低成本污染治理的目的。

二、排污权交易的特点

从以上对排污权交易内涵的分析，我们可以看出其具有以下几个主要的特点：

第一，排污权交易在本质上属于一种以市场为基础的环境经济激励政策，能够最大限度实现经济效益和环境效益的统一。

环境效益往往被统称为生态效益，是指投入一定劳动过程中，给生态系统的生物因素和非生物因素进而对整个生态系统的生态平衡造成某种影响和对人的生活和生产环境产生某种影响的效应。③ 然而，长期以来，我们对环境的生态效益重视不够，尤其是对环境容量这种有用而稀缺的资源的重视不够。长期以来，在法律制度上对环境容量资源的使用都是无偿的，导致产生环境污染这种严重的外部不经济后果。为了保护环境，改善环境质量，在环境质量严重恶化的区域，国家不得不实行总

---

① 彭本利、李爱年：《排污权交易法律制度理论与实践》，法律出版社 2017年版。

② 胡春冬：《排污权交易的基本法律问题研究》，载《环境法系列专题研究》（第 1 辑），科学出版社 2005 年版。

③ 参见许涤新：《生态经济学》，浙江人民出版社 1987 年版。

量控制。在总量控制之下，一定区域内的特定污染物排放指标是有限的，即通过法律制度制造出稀缺性。通过排污指标的分配，使得排放指标掌握在不同的排污者手中。不同的排污者的科学技术水平、管理水平的差异是巨大的，对环境容量的实际使用需求是不同的，这样就产生了环境容量使用权有偿转让的可能性：依据市场经济资源效益最大化的原理，让一定数量的排放指标创造最大的经济效益，由管理水平高、以一定的自然资源消耗和环境容量占用能够创造出最大的经济效益，同时又只排放最少的污染物的生产者，通过市场手段获得排污指标，能够实现一定的排污指标对经济发展的贡献最大化，即实现经济效益与环境效益的统一。

第二，排污权交易有助于社会效益的最大化。

排污权交易确认了排污者对环境容量的使用权，排污者可以从国家有偿取得环境容量使用权，又由于不同的排污者治理污染的成本存在差异而产生了环境容量使用权有偿转让的可能性。对排污者来讲，如果其治理污染的成本高于市场上的排污权销售价格就可以购买排污权来维持排污水平以节省开支，如果其治理污染的成本低于市场上的排污权销售价格就会主动治理污染以获得富余排污权进行出售获取利润。无论哪种情况，排污者都获得了良好的经济效益，企业获得了主动治理污染的经济刺激。

对于环境保护来说，一方面，排污权交易是在总量控制的前提下开展的，而且排污总量根据政府的需要是逐年递减的，排污权交易的进行不会突破总量的限制，这就保证了环境质量的不断改善；另一方面，对环境容量的具体使用者来说，排污权交易使得环境容量使用具有经济价值，这就使得外部性得以内在化。

对社会来讲，排污权交易的开展使污染治理在边际成本最小的排污者身上进行，社会整体的治污开支达到最低的水平，全社会资源配置实现最优化。美国 CAAA 规定的排放许可交易的目的也包括"作为一项长远战略，为了减少能源生产和使用中产生的空气污染和其他有害影响的物质，鼓励保存能源，使用可更新的和清洁的替代技术，预防污染"①。

第三，排污权交易是平等民事主体有偿转让富余环境容量使用权的法律行为，但政府行政管制是前提和条件。

排污权的交易过程是排污者之间对富余环境容量使用权的转让。在这个过程中，排污者之间地位是平等的，双方当事人会要求在要约与承诺之间、允诺与对应允诺之间、履行与对应履行之间达到某种程度的平等。排污指标的出售者与出售者之间、购买者与购买者之间、出售者与购买者之间享有平等的地位展开规则公开、机会均等的竞争。转让节余的排污指标应该是有偿的。在市场经济体制内，无偿或低于市场价格取得排污权，有违公平交易原则，更会损害排污指标出售者的利益。出售者为获得排污指标支付了相应的代价，表现为为生产技术改造、改进排污设施支付了大量的成本，这种成本支出必须得到补偿。因而，排污权交易既应该是公平的，又应该是等价有偿的。

由于排污权交易的对象是结余的排污指标，实质上是富余环境容量资源使用权，该项权利是指权利人（主要是工业企业）在符合法律规定的条件下，根据生态环境主管部门的明确许可而获得的。从形式上看，就环境管理的角度而言，买卖的标的就是排污许可证载明的排污指标，买方是为了获得排污资格而买进排污指标，卖方是为了转让因改进技术或缩减规模而多余的排污指标。排污指标具有意义的前提是政府对污染物的排放实行总量控制制度，排污指标的表现形式是排污许可证。总量控制使环境容量资源的稀缺性得以体现进而成为排污权的客体，许可证制度则是排污者从政府手中获取排污权的渠道，这两个前提都有赖于政府的行政管理措施。

在排污权交易过程中，需要生态环境监督管理部门对交易双方主体资格进行认定，尤其要加大对出售指标者的环境监测和监督的力度，只有符合条件者才能进行交易获得排污指标，防止环境污染的加剧。可以

---

① The Clean Air Act Amendments of 1990, SEC. 401. Findings and Purposes. (b) Purposes.

说，在排污权交易的过程中，行政主管部门为保证交易的顺利展开而进行的指导行为，为保障交易后卖方排污行为合乎在交易中所做的减排承诺，以及买方排污量不超过所购买的指标量所进行的行政指导、监测监督行为，是排污交易行为的重要组成部分。

三、排污权交易的功效

排污权交易思想最初源于"科斯定理"，经济学家罗纳德·科斯为了防止环境资源被过度使用而引入市场化手段对环境的产权进行界定，随后由戴尔斯进一步将环境产权的界定明确为排污权市场化。排污权交易制度在欧美等高度市场化国家中得到了广泛运用。长期以来，国内使用政府统一定价、统一管理的排污收费模式相对而言缺乏弹性。因而要解决经济发展与环境保护的矛盾，就亟待在方法论上有所创新。排污权交易相较于其他环境政策具有灵活性、多样性、高效率的优势，把这一可持续的发展理念纳入市场经济体制具有重要的意义。

一是大幅降低治理成本。在污染治理过程中，通过对排污许可指标的买卖，一方面排放达标的企业可将剩余指标卖给污染超标企业，以获得经济效益；另一方面，污染超标企业通过经济补偿的方式购买排放量，解决因超标排放造成停产整改的管理处罚问题，维持企业的生产经营，促使其通过各种技术改进方式实现节能减排，降低违法成本。这种方式不仅能够有效降低污染量，还可避免治污资源重复投入。当全行业、全社会形成稳定的市场机制，就会产生规模效应，降低治污的边际效率和治理成本。

二是倒逼企业革新技术。在传统的排污收费模式下，由于企业本身的利益没有与污染防治水平相挂钩，企业缺乏技术革新的动力，经常出现技术水平普遍低下的情况，导致治污技术始终无法得到有效提升，而排污交易市场化模式能够有效解决这一问题。为避免排污超标带来的负效应，迫使企业在原料供应环节选取污染小的清洁能源；在生产销售环节提升自身技术水平，淘汰落后产能和过时设备，提高资源利用率；在物流运输环节提倡绿色低碳的交通运输方式；在污染治理环节严格控制排污总量，减少废气、废液的排放，对产生的污染物用净化设备进行控制处理。排污许可证的可转让，加大了企业对技术研发的投入力度，调动了一大批企业自主开发核心技术的积极性，营造了行业内部技术革新的良好氛围，进一步推动了整个产业的转型升级。

三是有效控制污染总量。在排污收费的传统模式下，污染企业需要花费一定的资金购买污染治理设备。政府只扮演给排污定价的角色，没有对排放总量进行严格管控，且价格欠缺弹性，也未建立"多排多付费"的阶梯定价机制。导致企业在生产经营的过程中，往往超标排放，以付出极小的排污费用换取牺牲公共环境的极大代价。而市场化的排污权交易模式则是按照行业的特性给企业个体分配定额排放量，企业依据排放定额按照"多卖少买"的原则在市场价格上下浮动的规律下自由交易。这样一来，政府既能在污染排放总量上进行有效管控，又能放开定价，由市场来决定价格高低，把管不好、管不了的事都交给市场机制来调控。这种方式能够保证环境质量的稳定，同时还能兼顾企业的发展效益，与传统模式相比具有更高效的环境约束力。

第三节　排污权交易与其他生态环境管理制度的关系

排污权交易制度是在市场分析的基础上建立起来的，因此它具有较好的适应性，能够确保环境治理分配费用得到最大化使用，使得企业利益在社会利益的引导下发挥积极的效应。排污权交易机制的运作离不开现有环境保护监管法律制度。

一、排污权交易制度与排污税费制度

排污权交易与环境税费制度都是基于外部不经济理论产生的环境管理手段。外部不经济性使得污染企业作为经济主体无视环境保护，也不愿意在环境保护方面进行资金投入。从西方环境保护的制度发展路径来看，通过政府管制与市场机制的结合，可以有效地实现环境污染和破坏的外部成本内在化。可以说排污权交易和排污税费制度都是利用经济杠

杆的作用，调动排污者的积极性，促进企业事业单位加强经营管理，推行清洁生产制度，提高资源能源的利用率，最大限度地节约资源和减少污染物的排放总量，建立人与环境良性互动的关系，实现人与自然的和谐发展。环境税费制度经历了从排污收费到征收环境税的发展过程，排污权交易制度正在发展之中。

1. 从排污收费到环境税

为解决环境污染的外部性问题，1972 年经济合作与发展组织委员会首次提出了"污染者负担"原则，要求污染者必须承担污染削减措施的费用。随着该原则逐渐成为各国公认的环境政策领域中的一个基本原则，环境税费制度作为"污染者负担原则"的具体政策表现形式在很多国家得以确立。我国 1979 年 9 月颁布的第一部环保法——《环境保护法（试行）》第 18 条规定："超过国家规定的标准排放污染物，要按照排放污染物的数量和浓度，根据规定收取排污费。"从法律上确立了我国的排污收费制度。随后该制度得到了不断完善，尤其是 1999 年修订的《海洋环境保护法》第 11 条、2000 年修订的《大气污染防治法》第 14 条和 2008 年修订的《水污染防治法》第 24 条都作出了排污即收费的规定，《水污染防治法》第 74 条、《海洋环境保护法》第 73 条和 2000 年修订的《大气污染防治法》第 48 条则规定超标排污属于违法行为，应给予行政处罚。这些单行法的规定是我国排污收费制度的重大改革和完善，使得排污收费制度成为环境保护领域的基本制度之一。

在我国，排污收费（pollution charge）是生态环境主管部门根据环境保护法律、法规的规定，对直接向环境排放污染物的单位和个体工商户（统称为排污者）征收一定数额的费用。排污费的征收是从外部给排污者施加一定的经济压力，使污染物的排放量与企业的经济效益产生直接关联性。对于企业来说，为了不交或者少交排污费，就需建立健全企业的管理制度，明确生产过程中各个岗位的环境责任，降低原材料的消耗，开展对污染物的综合利用和净化处理，使污染的排放量不断减少，促使排污者治理污染，从而达到保护和改善环境的目的。

排污收费制度作为一种以经济手段来促进环境保护的制度，有其自身的特点：一是强制性。排污费的征收是生态环境主管部门根据国家环境保护法律、法规的规定对排污者强制征收的费用，它不以排污者的意志为转移。对于拒绝缴纳排污费的排污者，生态环境主管部门可以依法增收滞纳金，处以罚款，并可以申请人民法院强制执行。二是专项性。《排污费征收使用管理条例》第5条明确规定："排污费应当全部专项用于环境污染防治，任何单位和个人不得截留、挤占或者挪作他用。"排污费应当列入环境保护专项资金进行管理，主要用于下列项目的拨款补助或者贷款贴息：重点污染源防治；区域性污染防治；污染防治新技术、新工艺的开发、示范和应用；国务院规定的其他污染防治项目。对于截留、挤占环境保护专项资金或者将环境保护专项资金挪作他用的县级以上人民政府生态环境主管部门、财政部门、价格主管部门的工作人员，依照相关滥用职权罪、玩忽职守罪或者挪用公款罪的规定，依法追究刑事责任；尚不够刑事处罚的，依法给予行政处分。三是属地收费，分级管理。排污费的征收、使用必须严格实行"收支两条线"，征收的排污费一律上缴财政，环境保护执法所需经费一律列入本部门预算，由本级财政予以保障。县级以上人民政府生态环境主管部门、财政部门、价格主管部门应当按照各自的职责，加强对排污费征收、使用工作的指导、管理和监督。①

排污收费制度曾经在环境保护实践中扮演着重要的角色。据统计，2003年至2015年，全国累计征收排污费2115.99亿元，缴纳排污费的企事业单位和个体工商户达到500多万户，排污费制度对防治环境污染发挥了重要作用。② 但随着时间的推移，许多缺陷也暴露无遗。比如说，排污收费标准必须要在总排放量不变的情况下作出灵活的调整，但由于客观条件的存在，政府的决策可能会受到程序性或者信息缺失的影响而出现滞后的情况，这大大降低了政府对环境质量变化的反应，使得

---

① 彭本利、李爱年：《排污权交易法律制度理论与实践》，法律出版社2017年版。

② 钟超：《从排污费到环保税的制度变革》，《光明日报》，https://www.sohu.com/a/220647053_115423，2018年2月3日。

政府的政策落实严重受阻。在执法实践中，环保机构手中的法律授权措施捉襟见肘，不仅执法措施有限，还有所谓地方差异、松紧区别，排污费具体的征收主体、决策主体带有较大的随意性，现实中大量存在以地方发展压倒环境保护的现象。随意调整（甚至减免）排污费让环境执法长期陷入被地方权力干扰、操控的处境。其次，许多排污企业发现了排污收费制度的缺陷而钻了空子。企业总是把利益最大化的思想发挥到极致，部分企业认为只要确保自己的排污费已经足额缴纳便可任意行使排放权；有的认为即便企业污染物的排放量远远低于最低水平也并不会因此而获得实际效益，排放量的减少反而会增加企业的成本，因此大多数企业必然会选择最大化地实现自己的排放权利。另外，排污收费具有固定性，排污收费制度主要以单个企业的排放量为标准，对于新建企业的污染物排放量是没有具体规定的，因此便会出现此种情况：由于新建企业的排放超标，即使区域内的企业都按照实际标准排放，最终的污染物排放总量仍然会超标。排污收费制度固然在我国的某个历史阶段曾经发挥过非常重要的作用，但纵观 40 年的发展历史，这种作用在当今并未得到较好的体现，反而逐渐暴露出种种弊端。

为弥补我国排污收费制度的缺陷，2016 年我国通过了《中华人民共和国环境保护税法》（以下简称《环境保护税法》），要求在中华人民共和国领域和中华人民共和国管辖的其他海域，直接向环境排放应税污染物的企业事业单位和其他生产经营者为环境保护税的纳税人，应当依照本法规定缴纳环境保护税，并从 2018 年 1 月 1 日《环境保护税法》实施之日起，不再征收环境排污费。[①]《环境保护税法》的公布实施，意味着环保税制度将代替施行近 40 年的排污收费制度。

环保税最早可追溯到英国经济学家庇古，他认为环境污染的原因在于生产的私人成本和社会成本不一致，因此要通过税收来增加排污者生产的私人成本，以解决经济发展中的负外部性问题。在一些西方国家，环境税也被称为庇古税。2007 年 6 月，关于环境保护税的研究工作正

---

① 《中华人民共和国环境税法》第 2 条、第 27 条。

式启动。2016 年 12 月，《环境保护税法》经全国人大常委会表决通过，这是我国首部专门体现"绿色税制"的单行税法。环保税是在"税收法定"的语境中新增的一个税种，其意义首先是对此前征收多年的排污费的一种制度反省。环保税的施行，意在提高执法的基本刚性，"减少地方政府干预，内化环境成本"。尤其重要的是，环保税征收有助于让环境执法回到纯粹的环境利益考量，"多排多缴，少排少缴"，按排放量征收，尽可能避免地方政府以经济、税收名义回避环境治理责任，客观上也有助于激活企业的节能减排动力，提升环保水平、减少污染。

"费改税"之后，生态环境主管部门负责依法对污染物监测管理，税务机关依法征收管理，生态环境主管部门和税务机关建立涉税信息共享平台和机制，定期交换有关纳税资料，规范环保税的征收，通过税收的调节机制鼓励企业减少对环境的污染，增强资源节约型、环境友好型企业的市场竞争力，推动形成节约资源能源、保护生态环境的绿色发展方式和消费方式。正如原环境保护部部长陈吉宁所说，征收环保税的核心目的不是为了增加税收，而是为了更好地建立一个机制，鼓励企业少排污染物，多排多付税，少排少付税。

2. 排污权交易与环保税的不同

排污权交易和环境税费制度都是为解决环境的外部不经济性问题，试图通过经济性手段调动排污者的积极性，促进企业事业单位加强经营管理，推行清洁生产制度，提高资源能源的利用率，最大限度地节约资源和减少污染物的排放总量，使得污染企业基于经济刺激而自愿收敛污染环境破坏生态的行为，最终达到保护环境的目的。两者固然存在诸多联系，但并不意味着二者择其一就能解决面临的环境问题，二者的差异更为明显，正是由于这些差异，我们才找到了排污权交易制度独立存在的依据。

首先，参与主体的地位不同。这两种制度的参与主体主要是政府和排污企业。在排污权交易中，政府的作用体现在对排污权的初始分配和对交易市场的宏观调控。在初始分配中，政府起主导作用，即政府先确定一定范围内的污染物排放总量,通过颁发排污许可证的形式将排污指标具体分配给排污企业。排污权的初始分配是排污权交易市场建立的前提。获得排污权后,排污企业是否交易,与谁交易,都成为企业自由选择的事项。排污权交易过程需要政府制定规则和进行监控,而排污企业则成为排污权市场交易的主体,在利益的驱使下根据其自由意志选择交易对象和交易价格,是摆脱了政府强制性的企业自主市场行为。排污权交易制度既是政府环境管理意志的体现,同时又靠市场机制发挥作用。而环境税的征收则是以实现国家公共财政职能为目的,基于政治权力和法律规定,具有强制性、无偿性、固定性、非罚性的基本特征。税收是国家的基本权力,其中政府起主导作用,而企业相对被动。相对而言,排污权交易比环境税对排污企业的激励作用更大,排污企业引进新设备,进行技术革新,节省排污指标,并将节余的排污指标在市场上出售以获得利益的更大自由度。企业的污染治理行为能够变成自发行为而非强制行为。

其次,运行方式不同。排污权交易先由相关的行政主管部门确定一定范围内的污染物排放总量,再通过颁发排污许可证的形式将排污指标具体分配给排污企业。对于排污权的初始分配,政府可以通过无偿分配、有偿出让、拍卖等方式进行。政府还需要通过建立排污权交易市场使排污权合法地进行买卖。排污企业可以通过污染物的治理来缩减自身的排放量,当企业的污染排放量低于排污许可证设定的权限排放量时,就有了剩余排放量可以卖给有需要的企业,如污染治理成本过高或新建扩建的企业。尽管这样的交易不会改变污染排放物的总量,但是由治理成本最小的企业治理污染,扩展利用环境容量的生产量,还是可以实现全社会总的污染治理成本最小化。环境税通过对企业的污染排放行为征税,生产者可以利用降低产量、安装污染消减设备提高生产效率或改变工艺以减少对污染物质的使用等方法削减自身污染排放量;对于无法采用末端治理技术来降低其所应支付的税款的部分,一般是通过转向替代品进而减少对污染品的使用来实现成本最小化。

相比较而言,排污权交易中政府和排污企业的主动权都更大一些,在环境治理和经济刺激方面都比环境税的效果更加积极和明显。排污权交易更加适应经济快速发展对于环境容量资源需求不断增加的现实，最终目标是最小化污染治理总的成本，从而形成均衡价格。通过排污权交易市场分配治污责任和优化资源配置的过程，市场价格也随之确定。利用市场机制对资源配置的作用，排污权交易可以实现在各个企业之间相对合理地分配污染治理责任，如通过出卖排污指标，治污成本低的企业可以由此获得经济收益；或通过购买排污指标的方式，治污成本高的企业可以由此减少资金损耗，从而达到"双赢"的效果。

总体而言，排污交易制度是在市场分析的基础上建立起来的，因此它具有较好的适应性，能够确保环境治理分配费用得到最大化使用，使得企业的利益在社会利益的引导下发挥积极的效应。排污税费制度的操作程序与排污交易操作程序有着明显的差异，两者对于确定市场价格和排放总量的先后顺序是相反的。价格的市场化既能够体现资源配置的有效性，又能够明确排放主体的具体责任。除此之外，价格的市场化能够突出排放主体的积极主导地位，充分利用环境本身的自净能力，从总体上削减国家对于污染物的治理成本，使得污染物"总量控制"得以实现。排污权交易是基于市场、依赖市场的一种经济方式，这与环境税费这类带有强制性的经济手段是不一样的，应该说环境税费制度还是一种以政府管控为主的经济性手段。排污权交易的优势在于：能够对资源的配置进行优化，同时还能节约成本；环境达标速度快；促进技术革新；促进公平与效益的统一；刺激低污染新兴行业发展；有利于激励企业主动治理。

二、排污权交易与污染物总量控制制度

对特定区域内的污染物实行总量控制的方法自 20 世纪 70 年代末由日本提出后，在日本、美国等发达国家得到广泛应用，并取得了良好的效果。20 世纪 90 年代中期后，我国开始推行污染物排放总量控制措施。污染物总量控制是以环境质量目标为基本依据，对区域内各污染源的污染物的排放总量实施控制的管理制度。在实施总量控制时，污染物

的排放总量应小于或等于允许排放总量。区域的允许排污量应当等于该区域环境允许的纳污量。环境允许纳污量则由环境允许负荷量和环境自净容量确定。企业在生产过程中的排放总量包括：以"三废"形式排放的有组织的排放量和以杂质形式附着于产品、副产品、回收品而被带走的量；在生产过程中以跑、冒、滴、漏等形式无组织排放的量。区域排放总量包括：区域内工业污染源、交通污染源、生活污染源产生的污染物的排放量之总和。

污染物总量控制是以环境质量目标为基本依据，对区域内各污染源的污染物的排放总量实施控制的管理制度。污染物总量控制管理比排放浓度控制管理有较明显的优点，它与实际的环境质量目标相联系，在排污量的控制上宽严适度；由于执行污染物总量控制，可避免浓度控制所引起的不合理稀释排放废水、浪费水资源等问题，有利于区域水污染控制费用的最小化。

国家提出"总量控制"实际上是区域性的，也就是说，当局部不可避免地增加污染物排放时，应对同行业或区域内进行污染物排放量削减，使区域内污染源的污染物排放负荷控制在一定数量内，使污染物的受纳水体、空气等的环境质量可达到规定的环境目标。实施污染物总量控制，将促进结构优化、技术进步和资源节约，有利于实现环境资源的合理配置，有利于贯彻国家产业政策，有利于提高治理污染的积极性，有利于推动经济增长方式的根本转变。实施污染物总量控制有可能成为我国环境与发展的有力结合点。排污总量许可是实施污染物排放总量控制的基础，排污权有偿使用及排污权交易制度是实施总量控制的保障。排污总量控制是排污许可证和排污权交易的基础、关键，抓好排污总量控制是根本。政府部门要严格把控污染物的排放总量，确定各地区的排污总量。

总量控制制度是排污权交易制度的前提，只有通过计算出特定区域内的总量控制指标，才能够将环境容量量化，排污指标才可能成为稀缺资源，获取市场价值，排污权的初始分配和交易才成为可能。同时，总量控制的区域性使得排污权交易也呈现出区域性的特征。

三、排污权交易与排污许可证制度

排污许可证制度是指凡是需要向环境排放各种污染物的单位或个人，都必须事先向生态环境主管部门办理申领排污许可证手续，经生态环境主管部门批准并获得排污许可证后方能向环境排放污染物的制度。排污许可证制度是一项世界各国广泛采用且行之有效的、旨在控制污染和保护环境的行政制度，其实质是政府通过行政手段对区域各排污单位排污总量进行限制与分配，把单个排污者的排污量控制与总量控制和环境改善挂钩。

继 1987 年原国家环保局在上海、杭州等 18 个城市进行了排污许可证制度试点之后，在 1989 年的第三次全国环保会议上，排污许可证制度作为环境管理的一项新制度被提了出来。鉴于排污许可证制度是以污染物总量控制为基础的，国家从 1996 年开始，正式把污染物排放总量控制政策列入每期五年计划的环保考核目标，并将总量控制指标分解到各省市，各省市再层层分解，最终分到各排污单位。污染物排放许可证制度的实施给环境监测和环境管理都提出了更高的要求。2008 年修订的《水污染防治法》规定了排污许可制度。该法第 20 条规定：直接或者间接向水体排放工业废水和医疗污水以及其他按照规定应当取得排污许可证方可排放的废水、污水的企业事业单位，应当取得排污许可证；城镇污水集中处理设施的运营单位，也应当取得排污许可证。在此之前，《水污染防治法实施细则》（2000 年）中指出，县级以上地方人民政府环境保护部门根据总量控制实施方案，审核本行政区域内向该水体排污的单位的重点污染物排放量，对不超过排放总量控制指标的，发给排污许可证；对超过排放总量控制指标的，限期治理，限期治理期间，发给临时排污许可证。2018 年修订的《水污染防治法》继续保留了排污许可制度。

从国内情况来看，将排污权的交易具体化为一项可操作的制度安排，并加以持续贯彻实施是完全必要的。排污许可证制度的特殊性在于其行政主体不仅是作为监督管理者，而且是作为公众环境权益的监护人，作为环境容量资源公共所有者的代理人。资源是有价的，环境容量资源也不能无偿获得，在管理、转让这种环境容量资源时，既要尽到管理者的职责，又要行使代理人的权利，向环境容量资源的使用者收取一定的费用，以支付相应的行政成本和保护、改善环境的费用。总的来看，污染物总量控制下的排污许可证制度落实了对排污单位污染物排放的管理和监督，排污许可证制度是排污权交易制度的基础，排污权交易制度可以看作是排污权许可制度的延续和补充优化。

四、排污权交易制度与碳排放权交易制度

在全球气候环境日益恶化的今天，碳排放权交易制度越来越受到国际社会的广泛关注。碳排放权交易制度是针对二氧化碳排放所带来的社会成本由谁来承担的一种制度设计，是排放权交易机制在碳减排活动中的具体应用。从运作机制上来说，碳排放权交易将排放权（也可以理解为环境容量）视为一种稀缺的资源，在采用"总量控制"方法的基础上，通过发放碳排放许可证来进行交易，使碳排放资格产权化，通过市场机制使环境容量资源得到高效配置。[①] 排污权交易主要针对的是日常污染物排放的交易行为，所交易的是特定污染物的排放权，交易的污染物分类方法有多种，比如按照来源分类可以分为工业污染物、生活污染物、农业污染物、交通污染物，按照排放类型分类可以分为点源、面源等。无论如何分类，其主要特点是排放的物质都是对环境有毒有害，对人体有害，且环境所不需要或者无法容纳的。交易污染物按照有害的特点可以分为有害指标与营养指标，有害指标主要是 SO_2、COD、NOx，营养指标主要是 NH_3N。碳交易是基于 CO_2 是主要造成温室效应的气体建立的温室气体交易模式，CO_2 排放量很大，虽然对人体无害，但是长期来看对环境有害。由此可见，排污权交易和碳排放权交易本质都是环境容量使用权的分配与交换，碳交易可以看作一类特殊的排污权交易，区别

---

① 朴英爱：《低碳经济与碳排放权交易制度》，载《吉林大学社会科学学报》2010 年第 3 期。

在于两种交易的目的、行为及范围不同，不可以简单按照同类行为进行相互照搬的理论及实践。

排污权交易和碳排放权交易制度都是试图解决环境容量的产权归属问题，企图使其明晰化的一种尝试。两种交易都需要由相关的环境部门评估某地区的环境容量，然后根据历史排放量和未来估值设定一个特定污染物或碳排放总量，并通过无偿分配、政府定价以及拍卖分配等方法，以污染物排放许可证或碳排放许可证的形式进行排放权的初始分配，并允许这种权利通过供求关系形成合理价格来实现再分配和买卖，充分发挥市场的积极作用，以此来控制污染物或碳的排放。

排污权交易与碳交易的主要差异是对环境破坏行为不同，物质循环机理不同，从而形成交易差别。排污权交易内容主要是基于污染及形成污染的环境机理基础上建立的交易模式与框架，尤其是水污染物，涉及一条流域的多个排污口及沿途面源污染，交易的方法和内容定量全部要依靠对水污染物本身的扩散途径与水体水文条件。碳排放权交易的基础是作为温室气体，破坏全国气候变化的主要物质 CO_2 与其他污染物行为存在明显的差异。特别是由于碳交易的交易内容 CO_2 排放的全球普及性，其交易量尤其大，使其全球交易体系迅速成熟起来。因而碳排放交易制度与国际接轨对我国而言至关重要，必须要更多地借鉴和融入全球碳排放交易市场。同时还可以参考美国的经验，设计分阶段实施碳交易的过程；鼓励企业在发展碳交易同时配合有效的减排行为，例如通过固碳计划"碳封存"、造林行为、开发相应的治理技术等开展一定的抵消实践，从全球碳交易市场中获取更多的经济效益。

第三章　排污权交易法律关系

从经济学角度来看，排污权交易是产权理论在环境保护领域中的典型应用。排污权交易需要首先由政府部门根据当地经济发展现状、趋势、社会环境等因素确定该区域的环境质量目标，并据此确定该地区的环境容量，然后推算出各种污染物（如 SO_2、COD、BOD 等）的最大允许排放量，将最大允许排放量分成若干规定的排放量，以排污许可证的形式固定该排放量；政府选择不同的方式对该污染物排放量进行初始分配；同时，政府通过建立排污权交易市场等手段使以排污许可证形式表现出来的排污权能够合法、顺畅地买卖；各个排污企业在得到归其所有的初始排污权后，再根据各自污染治理成本的差异、排污权需求量等因素，自主决定是自行治理污染还是在排污权二级市场上购入或卖出排污权。在这样一个过程中，形成排污权交易社会关系。

排污权从总量控制到排污许可证，再到排污权的初始分配和交易，都离不开法律对其中相关主体权利范围的界定和义务履行的督促。即建立合法的排污权，并允许这种权利像商品一样被买入和卖出，需要相关立法的跟进，通过法律法规和规章的调整与规范，确认相关主体的权利义务以及行为模式，用相应的法律后果保证权利的行使，最终实现排污权交易市场的良性运作，达到制度目标。在这个过程中会产生各种法律关系，使权利、义务在各主体间动态运行并得以实现。通过法律的调整使排污权交易中形成的社会关系成为排污权交易法律关系。对排污权交易法律关系进行分析、论述和提炼，可以使我们进一步加深对排污权交易的认识和理解。排污权交易运用经济杠杆作用，调动排污企业的积极性来实现污染物总量削减。目前，我国实行水环境、大气环境资源公有

制和政府供给制度，排污权转让市场尚未形成。在政府供给自然资源的
国家里普遍存在环境资源管理效率低下的现象，是因为政府的目标是实
现社会公平，产权交易的目标是尽可能地获取经济收益。在市场经济
下，要想使排污权交易市场健康、合理地发展，必须规定政府对排污权
管理的限度和范围。

第一节　排污权交易法律关系的含义

排污权交易的实现离不开法律法规对排污权的确认和规范行使。法
律关系是在法律规范调整社会关系的过程中所形成的人们之间的权利和
义务关系。在排污权交易过程中，行政主管部门合理分配排污指标，排
污企业获取排污指标并进行交易，这些行为经过法律的调整后形成排污
权交易法律关系。法律关系具有如下特征：（1）法律关系是根据法律规
范建立的一种社会关系，具有合法性；（2）法律关系是体现国家意志的
特种社会关系；（3）法律关系是特定法律主体之间的权利和义务
关系。①

在排污权交易活动中，政府行政主管部门必须按照法律规范的要求
进行污染物总量的核定、排污交易指标的初始分配，排污企业按照排污
权交易相关法律规范的程序进行交易活动，接受行政主管部门对排污活
动的监督管理。由于区域污染物的总量控制和排污权许可证是排污权交
易的前提，这是国家行使环境监督管理权的体现，在交易过程中，排污
权交易非常尊重排污企业的交易自由，所进行的交易活动是平等民事主
体之间进行的商业活动，具有很强的自主性，使得排污权交易法律关系
具有鲜明的特征。

从法学理论上来讲，按照主体在法律关系中地位的不同，可以分为
纵向（隶属）型的法律关系和横向（平权）型的法律关系。纵向（隶属）型
法律关系是指法律关系的主体之间地位不平等，法律主体之间所形成的

---

① 　张文显：《法理学》（第三版），高等教育出版社 2007 年版。

是权力服从关系。由于法律主体处于不平等的地位，法律主体之间的权利与义务具有强制性，既不能随意转让，也不能任意放弃。横向（平权）型法律关系，是指平等法律主体之间的权利义务关系。其特点在于：法律主体的地位是平等的，权利和义务的内容具有一定的任意性，如民事合同法律关系等。①

从排污权交易发生的整个过程来看，总量目标的确定、排污指标的初始分配、排污许可证的发放、排污权交易的审核、交易的调控和监控、违法交易行为的惩处和区域排污总量的确定等，都离不开环境保护主管部门或政府其他行政主管部门的依法依规参与。生态环境主管部门作为指导、监督者，在资格认定、交易监管、排放监测中与其他相对人形成的是一种行政管理关系，为监督排污权交易公平、有偿、真实进行，处罚违法交易、虚假交易、保障交易而形成的法律关系属于纵向（隶属）型法律关系。法律关系的主体之间具有管理与被管理、命令与服从、监督与被监督的区别，主体之间的权利和义务具有强制性，不能任意转让和放弃。如果排污企业（即排污权人）在排污权的取得与丧失（吊销、暂扣排污许可证等）中发生争议，要通过行政复议、行政诉讼来解决。我国《行政复议法》第 6 条规定：对行政机关作出的有关许可证、执照、资质证、资格证等证书变更、中止、撤销的决定不服的，以及认为符合法定条件，申请行政机关颁发许可证、执照、资质证、资格证等证书，或者申请行政机关审批、登记有关事项，行政机关没有依法办理的，当事人可以提起行政复议。《行政诉讼法》第 12 条规定：申请行政许可，行政机关拒绝或者在法定期限内不予答复，或者对行政机关作出的有关行政许可的其他决定不服的，当事人可以提起行政诉讼。②但是，就排污权的来源来说，国家是环境资源的所有权人，生态环境主管部门只是作为环境容量资源的所有权人的代表，将容量资源有偿提供给排污者使用，这里又具有横向（平权）型法律关系的属性。

---

① 张文显：《法理学》（第三版），高等教育出版社 2007 年版。
② 参见《行政复议法》第 6 条和《行政诉讼法》第 12 条。

在排污权的交易环节，排污指标买卖是一种平等主体之间的民事法律行为。在交易中，交易双方只有平等、自愿地进行交易，才能使排污指标所反映的环境容量成为稀缺资源，具有经济价值。意思自治始终是排污权交易的本质特点。排污权交易中，交易者需要购买何种类型废物的排污许可、向谁购买、何时购买、购买多少指标，是由双方根据自己的意愿决定的。在节余排污指标信息搜集传递和其他中介服务过程中，中介服务者和接受服务者双方是平等的民事主体。在这两对法律关系中，双方法律地位平等，彼此之间不存在相互隶属关系，其性质是平等主体之间发生的交易行为所构成的法律关系，是一种典型的民事法律关系，双方交易而形成的法律关系主要是横向的平权型关系。总体来说，排污权交易法律关系中也包含纵向(隶属)型法律关系，是纵向(隶属)型的法律关系和横向(平权)型的法律关系的结合。

第二节　排污权交易法律关系的构成

一、排污权交易法律关系中的主体

法律关系的主体是法律关系的参加者，即在法律关系中一定权利的享有者和一定义务的承担者。任何个人和组织，凡是能够参与一定法律关系的，都可以是法律关系的主体。具体到排污权交易法律关系主体，就是指排污权法律关系的参加者，包括排污权交易的权利享有者和义务承担者。排污权交易的主体即在排污权交易的过程中参与排污配额权利、义务分配的主体，是排污权合同权利的享受者、义务的承担者。从排污权交易的整个过程来看，排污权交易法律关系中主要有三类主体，即排污权交易的买卖双方、中介机构、以生态环境主管部门为主的政府行政主管部门。

1. 监管主体

排污权交易的实质是利用市场配置资源的优势达到控制环境污染的目的，非常突出市场的主导地位，防止因政府过度干预造成市场扭曲，进而导致成本效益低下。然而确定一定区域内的环境容量，然后计算出特定环境容量所能容纳的最大污染排放量，最后依据污染源的实际情况给各个排污单位分配排放指标却离不开政府监管部门的参与。排污权交易不仅需要中央环境监管机构根据一定区域环境自净能力确定环境容量的总量并将这个总量分配到各地方形成地方指标，再由地方政府将这些指标按辖区内的排污主体依法分发，形成排污主体的排污配额，在后续的交易完成后，政府还需要对企业按照排污许可证要求的污染物排放进行监管。也就是说，虽然在排污权交易环节，市场发挥着基础作用，但排污权不同于一般交易中的商品。作为公共物品的分配者，政府在排污权交易机制中发挥着重要的作用。排污权的确定和行使离不开政府环保监管部门职能的行使，使其不可避免地具有与传统买卖关系不同的公权属性。

从各国政府在排污权交易市场中的职能定位来看，他们均在排污权交易过程中履行以下职能：一是作为排污权交易规则的引导者，完善规范排污权交易市场的法律法规，以及设定污染控制目标。例如，美国的《清洁空气法》明确规定 SO_2 排放总量的控制目标，并授予美国环境保护局相应的监管权。二是通过公开信息，服务交易市场。例如，德国为了保证人民及时掌握排污权的交易情况，要求联邦政府环保局负责随时向社会公布交易的实施情况和更新报道政策的变化情况。三是监督排污权交易，惩治违法企业。有效的监督机制是市场交易高效运转的保证。在 SO_2 排放权交易中，美国建立了连续监测系统来监督企业的排污情况。连续监测不仅能保证监控的准确性，还能提升公众对排污权交易市场的认可度。在德国，联邦政府环保局是负责受理和分配污染排放权的唯一部门，为保证市场运作的公平性，必须对违规排放污染物以及未达到排污规定的企业进行惩治。对违规企业，美国采取按天处罚的罚款方式，德国采取逐渐提高罚金的处罚机制。[1]

---

[1]　吴炎景、聂永有：《政府在排污权交易市场中的职能定位》，载《秘书》2009 年第 1 期。

2. 交易主体

排污权的交易主体是特殊主体，从理论与实践来看，主要是排污企业。企业在其生产经营中需要使用一定的环境容量排放污染物，通过政府的排污权初始分配可以获得初始环境使用权。狭义的排污权交易主体是指获得行政主体的排污许可与排污配额的企业与其他排污主体，并不包括自然人排污权主体（即家庭生活排污者）。我国学界对于排污权交易的主体以狭义解释为主。即只有符合国家法律规定的要求，依法取得特定的环境使用权并有富余环境容量的企业才能成为出让者；而受让者则是因为某种原因需要进入一定控制区域，或增加环境容量使用份额的企业。经过排污权初始分配后，排污企业可以在排污权交易市场上进行排污许可证的交易活动。交易双方所进行的交易行为是普通的商事行为，双方的主体地位是平等的。只有在平等的基础上才能产生减少排污量和买卖排污许可证的动力，环境容量资源才能被充分利用起来；只有平等主体的双方当事人以意思自治为基础，排污权市场交易体系才能真正有效地运作起来。

交易主体的平等性表现在：首先，排污指标的买卖双方必须是适格的主体，具有相应的权利能力。权利能力是法律关系的主体能够参与特定的法律关系，依法享有一定权利和承担一定义务的法律资格。由于排污权交易的对象具有特定性，作为卖方，必须实际持有排污指标，并且这一指标应该是在依法获取的排污指标范围内，通过技术改造提高了原料和燃料的利用率，从而节余了排污指标；或者是因为其他正常原因（如季节性减产或停产、国家调整产业政策、不可抗力等因素）而减少了排污量，以此限制故意过高地申报排污量，以期低价获取大量排污指标，再通过高价倒卖排污指标牟取暴利的企事业组织。作为排污指标的买方，企业应该是因新建、改建、扩建而需要在原有排放指标基础上增加或新加排污指标的生产者，并且这些项目必须符合国家产业政策，不能采用国家明令淘汰的生产设备、生产工艺。如《江苏省太湖流域主要水污染物排污权交易管理暂行办法》第 20 条明确规定："下列排污单位不得购买新增排污指标：（一）非合法的排污单位；（二）不符合产业政策的；（三）被列入污染限期治理的；（四）有重大环境违法行为的；（五）被实施挂牌督办的；（六）不按要求提交材料或者申报材料不实的。"这样的限制性规定是为了确保排污权的买受方购买排污权是直接用于弥补排污指标的不足，以改变因此导致的停产半停产状态，防止囤积居奇，赚取利差，为了交易而交易的排污权购买行为，即交易行为的发生应当具有生产排污的真实性。

当然，能够进行交易的排污企业还必须具有行为能力。行为能力是指法律关系主体能够通过自己的行为实际取得权利和履行义务的能力。一般来说，企事业组织的行为能力与权利能力是同时产生和同时消灭的。在企业存续期间，主体出售或购买排放指标的行为能力是毋庸置疑的。如果排污企业经营不善进入破产程序，那么破产宣告后，其行为能力受到很大的限制。按照《破产企业法》的规定，如果原来是法人，则法人资格因破产宣告而丧失，破产企业的意思表示由管理人承担。这个时候企业对排污指标的处分权能就会受到限制，转由管理人和生态环境主管部门共同处分。

3. 交易平台

排污权交易是通过具有不同边际成本效益的污染源之间的交易来实现环境容量资源合理配置。在进行排污权交易时对信息的需求量很大，这些信息包括有关价格、需求量和供给量、需求单位和供给单位等市场情况。如果信息不充分，就会导致交易价格上升，交易成功率下降。各排污权交易试点省份在培育排污权交易市场过程中，都很重视交易机构建设，并要求各交易机构建立电子交易系统，根据转让标的情况，采取电子竞价等方式实施交易。整个排污权交易必须在国家法律、行政法规所规定的范围内以公开竞价、协议转让的方式进行。

天津产权交易中心、中油资产管理有限公司、芝加哥气候交易所三家单位联合筹建天津排污权交易所。该交易平台的交易对象不仅包括传统的环境污染物，还涉及温室气体、生产技术和其他交易产品。北京环境交易所、上海环境能源交易所等的相继成立，也在不断推进全国排污权交易平台的完善。而地方政府在推广排污权交易上也充分发挥本地区的优势和特色。湖北环境资源交易中心是湖北省唯一的排污权交易专业化市场平台。在湖北省生态环境厅的监管和指导下，该平台协助政府制定更加完善的排污权有偿使用和交易规范，实施以排污许可证为核心的新型环境管理制度，为排污权交易市场相关方提供相关信息、交易、培训和金融服务。①

二、排污权交易法律关系的客体

法律关系客体是法律关系主体之间权利和义务所指向的对象，是一定利益的法律形式。法律关系建立的目的，总是为保护某种利益、获取某种利益，或分配、转移某种利益。所以，实质上，客体所承载的利益本身才是法律权利和法律义务联系的中介。② 法律关系的客体具有一定的特殊性：第一，它具有使用价值，能够满足主体的物质和精神需要，是一定利益的承载体；第二，它具有稀缺性，因而不能被需要它的所有人毫无代价地占有和利用；第三，它具有可控性，因而可以被需要它的人因一定目的而加以占有和利用；第四，它必须得到法律规范的确认和保护。③ 排污权交易法律关系的客体是买卖双方权利和义务指向的对象，即可供交易的富余环境容量资源。

1. 节余环境容量使用权是排污权交易的本质

环境容量，又称为环境承受力、环境承载力，是从生态学发展起来的概念。环境容量概念的提出，反映了人类对于自然资源有限性的认知过程。1838 年，比利时数学生物学家 P. E. 弗胡斯特从马尔萨斯的生物总数增长率出发，认为生物种群在环境中可以利用的食物量有一个最大值，相应的动物种群的增长也有一个极限值，种群增长越接近这个极限值，增长速度越慢，直到停止增长。这个极限值在生态学中被定义为

---

① 吴炎景、聂永有：《政府在排污权交易市场中的职能定位》，载《秘书》2009 年第 1 期。

② 张文显：《法理学》（第三版），高等教育出版社 2007 年版。

③ 胡旭晟、蒋先福：《法理学》，湖南人民出版社、湖南大学出版社 2002 年版。

"环境容量"。1972 年，米都斯等人完成了《增长的极限》这一著名报告，研究了人口、经济增长与资源、环境的关系，其实质内容就是关于现代人类社会发展的逻辑及环境容量问题。"增长的极限"正是"环境容量"的初始含义。1968 年，日本学者首先将"环境容量"的概念借用到环境保护科学中，提出在环境保护领域，环境容量是在人类生存和自然状态不受危害的前提下，某特定环境所能容纳的某种污染物的最大负荷量。至此，人们对自然环境对人类生存的价值有了较为全面的认识，自然环境既为人类提供生产生活所需的基本原材料和能源，又为人类的生产生活的排泄物提供吸纳和降解的场所。无论是作为基本原材料和能源的供应量，还是对污染物的容纳量，都是人类所必不可少的，并且其数量又是有限的。环境容量是一个极限值，它可以是某一特定区域发展规模的极限值，如种群数目、人口数量、污染物数量、移民数量等，也可以是单位面积强度的极限值，如污染物的浓度等。

经过 100 多年的发展，人们已经将环境容量这个概念从单一的生态学领域拓展到很多相关领域，如环境保护、人口问题、土地利用、旅游管理等，并且这一概念仍在发展之中，生命力极强，日益得到更加广泛而深入地研究和运用。可以说，环境容量是反映人口增长、经济发展与资源开发、环境保护之间关系的重要指标，其实质在于保证人口、资源与环境之间的协调，保证发展的可持续性，即经济的增长不能以生态系统的破坏、环境质量的下降以及使子孙后代的生存与发展受到威胁为代价。

从性质上说，环境容量是一种自然资源。联合国环境规划署将其定义为：所谓自然资源，是指在一定时间、地点条件下能够产生经济价值的、以提高人类当前和将来福利的自然环境因素和条件的总称。或者说，资源是指在一定历史条件下能被人类开发利用以提高自己福利水平或生存能力的、具有某种稀缺性的、受社会约束的各种环境要素或事物的总称。资源的价值来源于它的效用，物质由于其有用性和稀缺性而具有价值是毋庸置疑的。在自然界和人类中，有用物即资源，无用物即非资源，资源既包括一切为人类所需要的自然物，如阳光、空气、水、矿产、土壤等，也包括以劳动产品形式出现的一切有用物，如各种房屋、设备、其他消费性商品及生产资料性商品，还包括无形的资产，如信息知识和技术，以及人类本身的体力和智力。广义的资源概念是指人类生存发展和享受所需要的一切物质和非物质的要素。但是，人们对于无形的环境容量也是资源认识不足，实际上，环境中的空气、水体、土壤等是不直接进入生产过程的环境要素，可以容纳、降解、消化生产过程中的废弃物并输入自然生态系统。维持自然生态系统正常功能来辅助生产的过程也是有价值的，所以又叫环境容量资源。环境容量资源是一种功能性资源，在一定限度内可以重复利用，一旦超过一定容量限度和使用频率，这种功能性资源就会降低、退化甚至彻底丧失。环境容量是环境资源生态价值的表现，是环境在正常的平衡过程中所能吸收净化的废物的数量，对人类的生存和发展具有重要意义。

环境容量资源与一般的自然资源有所不同，后者为人类生产生活提供基本物质材料和能量，而环境容量资源则为这种生产生活活动提供必需的容纳、吸收、消化污染物的条件，是一种对生产起辅助性作用但又不可或缺的特殊资源。作为一种自然资源，环境容量具有如下特点：第一，地域性。因地形等多种自然因素的差异，不同区域的环境特性不同，特定环境（如水体、城镇等）的容量与该环境的社会功能、环境背景、污染源的布局、污染物的性质等因素有关，环境容量一般具体化为区域环境能容纳的污染物最大允许排放量。第二，可再生性。在最大负荷量之下，环境可将污染物充分分解、转移、转换。优化生态环境可以使环境容量得到扩大。一旦超过甚至只是达到该负荷量，环境质量就会日益恶化。第三，稀缺性。环境容量不可能满足所有人的所有要求和偏好。第四，公有性。在传统的经济体系中，环境容量资源是一种共有资源，具有显著的公共物品属性：容量资源的消费给社会造成成本，消费者私人却无须承担；容量资源的供给给社会带来效益，供给者私人却没有收益。在某一个体享用它的时候，不能排除其他人同样享用，即具有"非排他性"。容量资源的公共物品性必然导致容量资源配置中的外部性，进而导致市场配置容量资源的失灵。

资源的根本性质是社会化的效用性和对于人类的相对稀缺性。按资源根本属性的不同，可以划分为自然资源和社会资源。自然资源是具有社会有效性和相对稀缺性的自然物质或自然环境的总称，具有区域性、有限性、整体性和多用途性等特点。在国土开发利用中，自然资源包括土地资源、气候资源、水资源、生物资源、矿产资源、海洋资源等。有用性和稀缺性使环境容量具备了成为经济物品的基本条件。作为整体的环境容量可以经过技术化"分割"后确定给私人，形成环境容量的使用权，也就是可以在合法取得的环境容量范围内排放一定数量、一定性质的污染物。对于依法取得的环境容量，个体既可以通过自己的排污行为予以消耗使用，也可以通过在国家监督下进行转让，实行环境容量交易以获取经济利益。节余环境容量使用权可以交易，有助于促进环境容量资源生态价值和经济价值的发挥。姜春云同志在浙江调研时指出：生态和环境是十分重要的资源。保护环境、进行生态建设并不是只有投入、没有产出的纯公益性事业，更不是政府的"包袱"，而是潜在的巨大资产、资源和效益。各级各行各业必须与时俱进，解放思想，转变观念，把环境作为一种资源、资产、资本来经营，把环境治理作为一个大产业来开发，有条件的地区甚至可以作为主导产业发展。[1]

2. 排污权是交易的标的

著名法理学家庞德在揭露"法即权利，权利即法"这一古典自然法学的谬误时指出，权利作为一个名词，比其他任何一个词的含义都丰富。它曾至少在六种所指上被人们使用：一是指应当得到承认和保障的利益；二是指得到法律实际承认和保护的利益，这可以称为广义上的法律权利；三是指通过政治社会的强力来强制另一个人或所有其他人做出一定行为或抑制一定行为的能力；四是指一种创立、改变或剥夺各种狭义权利从而创立或改变各种义务的能力，称为法律上的权力；五是指某

---

[1]　新华社记者费强、谢国：《姜春云要求正确把握经济发展和生态保护的关系》，《浙江日报》，http://zjnews.zjol.com.cn/system/2003/01/12/001561434.shtml，2003 年 2 月 12 日。

些法律不过问的情况，也就是某些对自然能力不加法律限制的情况，这就是自由权及特权；六是指纯伦理意义上的正当之物。① 对照这几种权利的定义，排污权应当是一种向环境排放污染物、利用环境容量资源的"应然"权利，是一种"应当得到承认和保障的利益"。

人类的生产生活都离不开对环境容量资源的使用，排污包括人类(个体和集合体)的生产生活排污行为和其他生物的排污行为，即生产性排污行为和生活性(生存性)排污行为。现实中的任何生产和消费活动不可能实现污染的零排放，从某种意义上来说，排污是企业等排污单位的一种自然权利，企业要生产自然就要排污，否则它将不能继续生存下去，就像自然人必须要呼吸、新陈代谢一样，这种自然权利属于"纯伦理意义上的正当之物"，法律不需要赋予或剥夺排污者的资格。从理论上讲，排污权是实际存在的环境资源的生产性和经济性权利。②

在法学中，权利应该只能被狭义地理解为法律权利(法权)，是法律所保护的利益。法学的核心范畴就是权利义务，即便基于道德和习惯，利益主体的利益是正当的，如果没有法律的确认，只是自然权利，而不是法律权利。并非一切可称为"权利"之物、形态或利益都为法律所调整和确认，"权利必须由法律所决定"③。法定权利是指通过实在法律明确规定或通过立法纲领、法律原则加以宣布，以规范与观念形态存在的权利，是法律所允许的权利人为了满足自己的利益而以相对自由的作为或不作为的方式获得利益的一种手段，并由其他人的法律义务得到保证。法对特定社会集团利益和需求的社会关系的调整，主要是通过分配利益(即配置权利、权力、义务和责任)来实现的。规定权利的特点在于：第一，它来自法律规范的规定，得到国家的确认和保证；第二，它是保证权利人利益的法律手段；第三，它是与义务相关联的概

----

① [美]罗斯科·庞德：《通过法律的社会控制/法律的任务》，沈宗灵、董世忠译，商务印书馆1984年版。

② 王金南：《排污收费理论学》，中国环境科学出版社1997年版。

③ [美]罗纳德·德沃金：《认真对待权利》，信春鹰、吴玉章译，中国大百科全书出版社1998年版。

念，离开义务就无法理解权利；第四，它确定权利人从事法律所允许的行为范围。① 狭义的排污权，也即法律意义上的排污权，是指规定或隐含在环境保护法律规范中、实现于环境保护法律调整所形成的社会关系中的，排污主体(主要指企事业单位)根据生态环境监督管理部门分配的额度，在正常生产活动中利用环境容量资源的吸收容纳能力排放污染物，从而通过生产的顺利进行而间接获得经济利益的一种权利。②

我国的法律已经对企业根据排污许可证进行排污的权利予以法律上的确认，如《环境保护法》第45条规定："国家依照法律规定实行排污许可管理制度。实行排污许可管理的企业事业单位和其他生产经营者应当按照排污许可证的要求排放污染物；未取得排污许可证的，不得排放污染物。"《水污染防治法》第21条规定："直接或者间接向水体排放工业废水和医疗污水以及其他按照规定应当取得排污许可证方可排放的废水、污水的企业事业单位和其他生产经营者，应当取得排污许可证；城镇污水集中处理设施的运营单位，也应当取得排污许可证。排污许可证应当明确排放水污染物的种类、浓度、总量和排放去向等要求。排污许可的具体办法由国务院规定。禁止企业事业单位和其他生产经营者无排污许可证或者违反排污许可证的规定向水体排放前款规定的废水、污水。"根据这些法律规定，排污权的享有主体是从事生产活动，向环境排放污染物的企事业单位；排污权的基本内容是生产活动(包括生产性消费)中的污染物排放行为，是正常生产活动的副产品；从环境容量资源的利用角度来看，是由环境保护法律赋予或行政机关依法许可污染物排放者利用一定地域、流域或海域内富余的环境容量资源的权利。

从这些规定来看，我国法律赋予了污染物排放主体向公共环境排放一定数量污染物的权利，该权利实质上赋予权利主体对环境容量进行使用的权利。这项权利一旦赋予某特定排污主体，就不可能再赋予其他主

---

① 沈宗灵主编：《法理学》(第二版)，高等教育出版社2009年版。
② 彭本利、李爱年：《排污权交易法律制度理论与实践》，法律出版社2017年版。

体，其他主体就不能使用此许可的排污权，因而排污权具有独占性，也即具有排他性。这既是环境容量资源的稀缺性和污染物总量控制要求的体现，也是对排污权权利行使主体、行使方式进行要求的体现。

然而这项权利也体现出对污染物排放者的限制。排污行为具有潜在的危险性，当其超越了环境容量时，具有极大的破坏生态系统平衡的现实危险性，近现代以来环境污染不断加剧，甚至演变为全人类的生存危机已是明证，所以必须普遍禁止。但如果完全禁止排污活动，后果必然是民生凋敝、经济迟滞。因而对排污行为的这种限制或禁止应该在禁止的情况下，对符合条件者开放：在符合总量控制和提高环境容量利用效率的条件下，对符合国家产业政策，实施清洁生产，能在现有的技术条件下，尽可能高效地利用环境容量资源的企业开放。这种开放是以排污许可的方式授予排污申请人的权利，对一般人是普遍限制或禁止的，非经允许从事这种行为或活动是违法的。排污许可证的持有人在获得该许可证的同时，便同时承担了按照排污许可证规定的污染物种类、浓度、总量和排放方式进行排污活动的义务，即许可证的持有人取得的权利是附条件的，是受到一定限制的权利。① 排污者行使排污权必须遵守国家的环境保护法律和环境保护标准，不得违背社会公共利益，同时必须服从国家的环境监督管理。

排污权具有可交易性和生态性。环境容量和优美景观的生态效益作为无形资源已被社会所肯定，作为有用物，应当属于无形财产，其所有权和使用权为无形财产权利，具有可交易性，而且这一特点也已为国内外的实践所证实。环境容量资源以无体形式表现生态价值，并以生态价值为人类提供生态服务，具有生态性。因而，对环境容量资源进行使用的排污权也具有可交易性和生态性。

作为排污权交易标的的排污权实质上是节余环境容量资源的使用权让渡后，排污权者获得的对相应部分环境容量资源的使用收益权。例

---

① 刘鹏崇、李明华：《法权视角下的"排污权"再认识》，载《法治研究》2008年第 8 期。

如，在南通市的一宗排污权交易案中，交易的卖方南通天生港发电有限公司经过近年来的技术改造和污染治理使排污总量不断下降，二氧化硫的实际年排放量与生态环境部门核定的排污指标相比，尚有数百吨的"富余"；交易的买方则是一家年产值数十亿元的大型化工合资企业，为了实现生产规模的扩大，急需获得二氧化硫排放权。由于南通目前的二氧化硫排污指标十分紧张，利用市场机制解决这一难题成为企业的自然选择。根据协议，卖方将有偿转让 1800 吨二氧化硫的排污权供买方在今后 6 年内使用，开创了以"排污权"形式交易的先河。这次交易中，二氧化硫排污权以年度为单位进行转让(每年 300 吨)，交易费用按年度进行结算。合同期满，排污权仍归卖方所有，买方得到的是排污权的年度使用权。①

3. 排污许可证是排污权交易的凭证

申领排污许可证是获得排污权的合法方式。"环保靠政府"，各级政府及其职能部门在生态环境保护的监督管理方面负有重要职责。其中，排污许可即各级国家生态环境保护监督管理部门根据排污者的申请，对其排污主体资格进行审核、登记、确认其排放污染物的数量、种类、时间等，是生态环境行政主管部门的一项重要职权。生态环境主管部门颁发许可证是一种重要的行政许可行为。自 2004 年 7 月 1 日起实施的《行政许可法》明确规定直接涉及公共安全、生态环境保护以及直接关系人身健康、生命财产安全等特定活动，需要按照法定条件予以批准的事项，可以设定行政许可。排污许可证是国家生态环境主管部门依据法律规定，以一定区域范围内的环境容量为基础，对生产企业的排放污染物活动的一种法律上的认可，是国家行政机关对排污行为的管理和约束，又是生产企业的排污行为得到法律保护的一种凭证。"许可证既是国家对行政管理相对人从事某种活动的一种法律上的认可，又是行政

---

① 葛勇德、李耀东：《二氧化硫排污权开始交易》，载《中国环境报》2001 年 11 月 5 日第 1 版。

管理相对人得到法律保护的一种凭证。"①具体到生态环境监管领域，排污许可证是享有排污权的一种凭证。排污许可证既是国家对行政管理相对人从事某种活动的一种法律上的认可，又是行政管理相对人得到法律保护的一种凭证。"环保机关的排污许可权力实际上意味着排污人有申请许可的权利以及排污（合乎排污总量标准）的权利。"②排污权人据此有权阻止他人妨碍其行使排污权，对于非法妨碍者，有权请求生态环境监督管理部门排除妨碍或依法请求赔偿损失。

从民事角度来说，排污权是对环境容量资源的使用收益权，具有使用价值和稀缺性，通过科学的计算依据进行核算，运用总量控制制度、排污许可证制度使得个体对于环境容量资源的使用具有可控性，可以受到法律的保护。这是对传统法律关系客体范围的发展，是现实生产力发展的必然结果。"法律关系客体的范围受一定生产力发展水平和社会历史条件的制约。随着生产力的发展，许多原来不属于法律关系客体的社会财富变为客体，如清洁的空气、不受噪音干扰的环境、试管婴儿、从刚死去的人体上移植的器官等。"③排污许可证是环境容量资源使用权的书面证明，是一种权利证书。买卖双方交易的标的物，从形式上看是节余的排污指标，也是属于行政主管部门颁发的排污许可。从实质上分析，买卖双方交易的却是一定区域范围内富余的环境容量资源的使用收益权，从根本上而言是该区域范围内全体居民对富余的环境容量资源的使用收益权的让渡。④

排污者获得"排污权"并不等于享有"污染权"。排污者依法获得对富余环境容量资源的使用收益权后，必须在其使用期内妥善保护环境，使环境容量作为一种可更新资源，能为后来者继续使用，使区域内居民

---

① 韩德培：《环境保护法教程》，法律出版社 2003 年版。

② 孙笑侠：《法律对行政的控制：现代行政法的法理理解》，山东人民出版社 1999 年版。

③ 沈宗灵：《法理学》（第二版），高等教育出版社 2009 年版。

④ 彭本利、李爱年：《排污权交易法律制度理论与实践》，法律出版社 2017 年版。

的生活环境质量不因此而下降。依据我国法律规定，排放者依法取得的是"排污权"，即"排放污染物的权利"，或可简称为"排放权"，而不是取得"污染权"。从政府颁发排污许可证的角度来看，是为了规范排污行为、防止和减轻污染而不是授予或保护任何排污者"污染权"。监管机关对污染行为不仅不保护，相反还会予以取缔。法律不仅不会授予排污者"污染权"，相反还会课以保护环境质量、使环境"免受污染"的义务。

三、排污权法律关系的主要内容

法律关系的内容是特定主体之间的权利和义务，是法律规范中的行为模式在具体社会生活中的实现。我国的污染物总量控制制度和排污许可制度都已经得到主要污染防治法律的确认，各地在推行排污权交易试点工作过程中出台了一系列地方性的规范性法律文件对排污权交易行为进行了部分的调整，从而形成了排污权交易法律关系。排污权交易法律关系的内容是交易主体依据排污权交易的规定所享有的权利和义务。排污权交易可以分为排污权的初始分配和交易两个环节，相应的法律关系也可以分为以政府行政主管部门为一方当事人的环境行政监管法律关系和排污企业之间的排污权交易法律关系。

排污权的初始分配是政府的环境许可行为，与排污企业之间形成的是排污行政许可法律关系。另外，生态环境主管部门在排污权交易中还承担着很多监督管理的职能。如《嘉兴市主要污染物排污权交易办法（试行）》规定，原市环境保护局负责行政辖区内主要污染物排污权交易市场的指导、监督与管理，组建嘉兴市排污权储备交易中心（以下简称储备交易中心），搭建交易平台和制定交易规则，以及进行可交易削减量的核查，排污权交易证的登记、发放和变更等工作。《杭州市主要污染物排放权交易管理办法》第 7 条规定，"市环保行政主管部门对主要污染物排放权交易实施统一监督管理。具体行使下列职责：①负责主要污染物区域总量核定；②负责主要污染物排放权跨区域交易；③负责核准区、县（市）行政区域内主要污染物排放权交易；④负责确定主要污染物总量分配方法和原则，并以排污许可证形式确定市环保行政主管部门监管的排污单位排放指标；⑤指导区、县（市）环保行政主管部门做好各排污单位主要污染物排放情况的监督和管理；⑥负责建立主要污染物排放权交易管理系统，定期发布有关主要污染物排放权交易信息；⑦负责对主要污染物排放权交易进行确认"。在这些职能的履行过程中，生态环境主管部门主要承担监管职能，与排污企业之间是一种不完全平等的行政关系。

排污权交易环节从根本上来讲是平等的民事主体依据排污权交易的法律法规自愿缔结合同以实现双方权利和义务的过程。交易双方是平等主体，内容以权利人请求义务人完成某种行为的权利（或称为"请求权""相对权""对人权"）和具体义务人根据权利人的请求完成某种积极行为的义务表现出来，也即权利人利益的满足需要义务人积极行为的配合，只有通过具体义务人的积极行为，权利人的利益才能得到满足和实现。

概括而言，出售节余排污指标者（即卖方）享有的主要权利有：通过初始分配而获得排污指标后，在生产经营过程中自主决定投入一定的资金、技术、物资，经过科研攻关改进工艺而减少排污量，或者是添加新的生产资料提高生产成本而减少排污量，或者是因为缩减企业生产规模而降低企业总排放量的自主经营权；按照自己意志出售排污指标的权利；因出售节余排污指标而请求对方给付一定数额的金钱作为补偿的权利；协商确定转让结余排污指标的期限的权利。卖方通过合理地、真实地减少排污量，从而节省了排污指标，并因此支付了一定的成本或减少了预期可得的生产性收入，将生产的外部不经济性内部化，所以卖方获得一定数量的金钱或其他形式的补偿是必要的，也是法律予以保障的。卖方应履行的主要义务有：通过合法的途径（如技术改造等）节省排污指标（主要是排污许可证的使用节余）；减少相应数量的排污量，依法转让节余排污指标，并确保没有向其他排污者转让该指标；交易完成后及时到原发放排污许可证的生态环境主管部门办理变更登记；在转让期间内自己不使用相应的排污指标等。

排污权交易中的购买者（即买方）所享有的权利主要有：按照自己

的意志确定选择购买种类、使用期限的权利；协定金额、付款方式和付款期限的权利；请求转移排污指标的权利；对所购买的排污指标的排他性使用权；排放相应种类污染物的权利等。买方所应履行的主要义务有：按双方议定的交易价格支付价款；将所购买的排污指标用于同种类的污染物的排放；及时到所在地环境保护主管机构办理变更，申报备案；采取有效措施防治环境污染；以及环境保护的其他法定义务（如缴纳排污费等）。需要注意的是，进行排污权交易的排污单位仍然必须遵守环境保护的相关规定，只能在购买的排污权确定的污染物排放量范围内进行污染物的排放，不能因购买排污权而超标排污。①

---

① 参见彭本利、李爱年：《排污权交易法律制度理论与实践》，法律出版社2017年版。

第四章　排污权交易运作机制

排污权交易机制是根据环境容量，确定区域污染物排放控制总量；将排放控制总量转换为排污许可指标，面向合法排污单位进行初始分配；排污许可指标及其所代表的排污权可以在具有不同边际污染治理成本的排污单位之间进行交易；政府可以在市场上买进或者卖出排污权以提高许可指标的实际使用数量。由于不同的排污单位具有不同的边际治理成本，因此可以通过排污权交易实现交易双方的"共赢"，从而使整个社会以最低的成本达到环境保护的目标，实现环境容量资源配置效率的最大化。排污指标的初始分配称做排污权交易一级市场，排污企业之间转让节余排污指标，即排污权的市场，被称为二级市场。排污权交易机制是由排污权交易法律制度和排污交易机构等共同组成的一个包含法律规范和调整机制的有机整体。它旨在借助法律规范和相关调整机构促进排污权交易市场中排污权主体排污能力优化，积极实现市场的排污交易成交量，并在行政主体监督、调控下促进环境改善。

第一节　排污权交易模式选择

排污权交易模式的选择是排污权交易市场构建中的重要因素，直接影响到排污权交易成本和市场效率。各国排污权交易制度演变及实践发展，已经形成了一些具有代表性的排污权交易模式。我国地域广阔，各地区环境状况和经济发展水平存在较大差别，排污权交易法律制度的建立和实施不存在"一刀切"的固定模式，对排污权交易模式的研究有助于进一步掌握排污权交易的内在结构、特点及影响因素，有利于理解各地排污权交易模式选择，对其后续发展提供有针对性的借鉴。

一、总量—交易模式

总量—交易模式是指环境管理部门对特定地区或者行业的污染排放总量进行核算确定，并划分成等量的污染排放指标，以排污许可证的形式发放给各个污染企业。污染企业可自由选择将得到的许可证自用或用于交易，但是首先要保证在一个计算期结束时污染企业自己排放的污染量有相应的污染排放指标可以使用，参加交易的许可证是完全可流通的。在这种模式下，每个污染源必须拥有足够覆盖它在计算期内的排污量的许可证数量，不能达到这个要求的污染源将被视为非法排污，受到严厉的经济惩罚，而且还要补偿以往超量排污对环境造成的损失。

在该体系的运作过程中，除了预先为一定区域内的污染源设定总的年度排放上限外，还会制定一定时期的削减计划时间表，也称减排时间表，减排时间表可视为政府对企业要求的一种承诺，使企业产生合理的预期。由于存在总量上限，此类计划又被称为"封闭市场体系"，它通常是强制性的，要求主管部门首先掌握一定区域内被要求参加计划的企业的完整准确的排放清单，以便确定排放削减水平，然后据此确定区域允许的排放水平上限。总量上限逐年递减，直至达到环境质量标准的要求。年度排放的总量上限以许可或配额的形式分配给污染源，因此该体系也被称为"许可交易"。许可分配的方法可以不同，但一般是按历史排放量来分配，以往排放量最大的企业获得的许可最多。该类体系要求参加的企业在达标期末所拥有的许可数量至少应等于该期的排放量。

企业可以自由选择如何达到这一要求，如企业可以削减排放量，使用分配所得的许可，或在交易市场上购买许可等；剩余没有使用的许可可以存入指定机构以备将来使用、出售或退出使用。许可的购买也很自由，任何人都可以通过经纪人、环境组织或每年3月举行的年度拍卖会购买许可。美国最为成功的"酸雨计划"二氧化硫许可交易是最典型的总量控制型排污权交易的例子。

二、基准—信用模式

基准—信用模式是最早从理论走向实践的排污权交易形式。采用基准—信用模式的排污权交易，环境管理部门会制定污染源的污染排放基准许可水平，当一个污染源的实际排污水平低于这个许可水平，并产生一个永久性的排污削减，它就可以从环境管理部门那里获得排污削减信用。在获得管理部门的批准后，污染源就可以对该排污削减信用进行交易，因此该体系又称减排信用交易体系。在此体系中，排污削减由污染源自愿进行，但在交易前必须要经过管理部门的严格审查获准。

该模式最先被应用于美国环保局提出的州内大气层"排污交易计划"。① 在减污信用交易体系下，政府环保监督部门会规定一定期限内某个污染排放源或污染设施排放特定污染物的总量，污染源或污染设施只要在一定的时间内自愿地削减了自身的污染物排放，经环保部门认可，就可以产生削减信用，即排放削减信用。"减排信用"是交易的媒介或通货，一个"减排信用"就是一个交易单位。除了用于交易，减排信用也可被用来达到排放控制要求，或存储以备将来之用。该体系通过允许将产生的污染物削减量出售给他人（或企业）来激励自愿的污染物排放削减行为，同时，也为受管制的企业提供了达标的灵活途径。减排信用模式下并没有对一个地区污染总量进行上限限制，而是针对具体污染源或污染排放设施污染物的排放量，任何排放源只要排放削减量超过一定的基准排放水平就可以向环保局申请认可获得排放削减信用。这种信用交易体系也被称为"开放市场体系"。

虽然信用交易是自愿的，但信用交易体系基于现有管理体系，产生信用的"基准线"因源而异，"基准线"根据为各污染源确定的技术标准来确定。美国排污削减信用产生和使用的标准由各州制定，信用的产生

---

① 吴小令、沈海滨：《美国排污权交易制度的实践与借鉴》，载《世界环境》2012 年第 6 期。

和使用一般要经过计划管理部门的审批，通常非常严格，而且还会要求信用按一定的环境折扣率出售（"环境折扣率"指出于环境效益的考虑，在每笔交易中应有一定比例的信用从交易中退出，多数计划规定了10%的环境折扣率，有时甚至高达20%）。排放削减信用认可、适用的限制和规定退出比例等措施都是为了保证交易不会导致环境质量恶化。① 在该模式中，需要满足很多条件才能获得排污信用，比如排污行为必须在连续的一段时间内发生，不同于非连续排污削减模式可以分段多次进行，另外，减排污染物必须可量化并受到公众的认可才行。②

三、非连续排污削减模式

非连续排污削减可以在一个州的公开市场交易系统中交易，该模式的突出特点是非连续，具体含义是企业在一段时间内，不连续地多次减排便可以拿到排污信用。对于排污企业来说，在一段连续的时间里连续减排比较难做到，毕竟在一段连续的时间里涉及多方面的因素。但是做到不连续地多次减排相对就容易得多，企业可以自行规避不利的外部因素的干扰，从而实现减排目标。在这种模式下，企业获得排污信用的要求大大降低，不仅可以激发企业的减排积极性，还能使减排标准更加灵活可变，对于环保监督部门来说也更容易施行。③

尽管这三种模式在美国都有实践，但其中总量—交易模式使用的频率较高，主要原因是该模式下市场流动和参与度较其余两个模式要高，另外交易费用也最低。针对我国的现状，我国已经有较为成熟的总量控制制度，运用排污权交易这种新兴制度，需要来自各方的交易主体增加市场的活跃度，并且要控制交易费用在一个适中的水平上。比较而言，

---

① 参见彭本利、李爱年：《排污权交易法律制度理论与实践》，法律出版社2017年版。

② 丁姗姗、段进东：《美国排污权交易运行模式及其借鉴》，载《中外企业家》2016年第25期。

③ 丁姗姗、段进东：《美国排污权交易运行模式及其借鉴》，载《中外企业家》2016年第25期。

总量—交易模式符合我国排污权交易市场的需求。

第二节　排污权交易市场建立的基本原则

一般来说，排污权交易市场包括一级市场与二级市场，排污权一级市场也就是排污权取得市场，主要进行排污权的初始分配。排污权的初始分配，是指生态环境主管部门在当地污染物排放总量控制的前提下，确定本地区的污染物排放总量，根据各污染源排放状况及经济、技术的可行性等，经排污单位的申请，将排污指标核批给排污单位的行为。其本质是政府对环境资源的公共管理，是以政府为主导的一种行政管制行为。排污权初始分配在整个排污权交易制度中扮演着重要的角色，是排污权交易制度建立的基础，连接着总量控制与排污权交易，起着承上启下的功能，其关系着整个排污权交易制度能否顺利启动。排污权的二级市场，也就是排污权交易市场，是指排污者之间的交易场所，是实现排污权优化配置的关键环节，主要由市场主导。因此，建立和完善排污权制度，可以理解为建立和完善排污权分配和交易制度，基于排污权的本质和法律属性，应遵循以下基本原则，确保排污权工作的顺利开展。

第一，公平原则。

公平原则应该是排污权分配和交易中最重要的原则。公平本身也是法的基本价值之一。由于各地的经济发展水平和环境问题存在差异，在具体的排污权分配过程中考虑的因素是不相同的，但是任何个体都有保护我们共同生存环境的义务。公平原则首先强调我们在保护环境中的责任具有共同性，即各个主体不论其强弱、类别、资源禀赋等多个方面的差别，都无一例外地要保护我们的环境，但是这个共同责任并不意味着"均等主义"，各个主体在环境保护中所负的责任是不相同的，其所负责任要与他们在历史上和当前对环境所造成的影响成一定的比例。

在排污权分配中，究竟要怎样给各个地区、企业分配排污权，不仅要考虑这个地区、企业在历史上形成的污染物积累量，同时也要考虑这个地区、企业眼下的污染物排放量及发展前景。既要考虑到当代人的利益，也要考虑到未来各代人发展的需求，只有这样才能实现真正意义上的公平。

第二，效率原则。

一般认为，公平与效率存在一定程度的冲突，社会制度特别是经济制度的构建究竟应当效率优先还是公平优先，始终存在争论。折中的观点认为应当兼顾效率和公平，实现两者的平衡。虽然排污权交易和分配需要首先考虑公平原则，但这并不意味着放弃效率原则，在公平的总目标下，效率原则也是排污权分配和交易的基本原则之一。排污权交易的效率原则，是指政府进行排污权的分配要有利于企业效率的提高，以有限的排污量获得最大的经济效用。

排污权的效率原则体现在以下几方面：首先，合理确定排污权分配时征收的费用。征收的费用应当尽量反映排放污染所带来的外部成本，促使企业进行正确的成本收益核算，保证企业生产活动的总收益大于总成本，最终促进整个社会生产活动效率的提高。其次，排污权分配制度应当保证使用效率最高者获得排污权。特别是生产领域即企业间分配排污权，应当将使用效率作为重要因素。例如，可以通过竞价的方式分配排污权，从而将排污权分配给具有较高生产效率的企业。最后，排污权分配和交易制度的运行应当具有效率，即以较低的成本完成排污权的公平、合理分配。

第三，信息公开原则。

排污权分配和交易环节离不开信息搜集和交流，为了更好地监督排污权初始分配和交易过程的展开，需要实行信息公开原则。对政府来说，需要获悉排污者的相关信息才能顺利开展排污权分配和交易工作，这些信息包括排污者排放污染物的种类、数量、浓度、污染物处理能力等，此外还需要综合考量排污者的生产技术水平、经营状况、地理区位条件以及市场所处地位等种种因素。而政府要获悉这么多种类的信息，完全依靠政府自身找寻渠道是不现实的，需要排污者以信息公开来进行配合。只有贯彻信息公开原则，政府才能准确全面地获取需要的排污者信息，更好地制定相关法律法规标准。也只有贯彻信息公开原则，将政府指导下的排污权分配和交易过程中每个环节的信息进行公开，才能更好地监督政府和排污者行为，防止政府权力寻租、政府和排污者私下暗箱操作以及排污者之间互相串联交易，真正实现排污权分配和交易的应有之意。

第四，公众参与原则。

公众参与原则作为环境法的一项基本原则，与信息公开原则是密切相关的，排污权的分配和交易涉及政府和企业之间关于排放污染物的种类、数量和浓度等具体信息的交流。相对企业来说，政府在污染信息的掌控方面处于弱势，让公众参与到排污权分配的过程中来可以起到有效的监督作用。能够保证政府从企业那里获得污染物信息的准确性，进而制定出相关的法律法规来规范排污者的排污行为，从而更有效地保护环境。故公众参与原则也应该成为排污权交易的一项基本原则。排污权分配的合理与否的意义在于它不仅直接影响到排污企业的切身利益，同时还影响到对环境资源的合理利用。调整好现有污染源和未来污染物之间的权益，使其既满足当代经济的发展，又能合理保障未来经济的持续发展，从而使人类一直能够生活在一个健康的环境中。

第五，支持产业政策原则。

产业政策包括产业结构政策、产业组织政策和产业布局政策，是国家对经济实施宏观调控的重要手段，在一定程度上体现为对不同地区、不同产业和行业的鼓励发展或者限制发展。在排污权的分配中，对产业政策的支持主要体现在向优先发展行业倾斜，即在污染排放总量需要限制的情况下，向优先发展的行业多分配排污权，少施加限制。对于产业组织政策和产业结构政策，也可以通过对排污权分配的控制来实现。例如，将排污权分配给多个企业，可以防止一两个企业在相关生产领域的垄断经营。排污权分配对于产业政策的支持是基于共同的公共利益基础，即政府实施产业政策与排污总量控制和分配都是出于公共利益的需要，而且两者存在一定程度的重合。为了实现政府公共管理的目标，支持产业政策的实施应当是排污权分配的一项基本原则。

第三节 取得排污权的一级市场

取得排污权是排污权交易的前提。排污权交易的一级市场是指排污者与政府之间进行交易，排污者有偿取得排污权，即排污权的有偿初始分配。一级市场主要由政府控制，以有偿占用排污权的形式向排污单位分配排污指标。一级市场一般不需要固定的交易地点，交易时间也是由政府主管部门临时确定。具体做法是由政府或授权的机构核定出一定区域内满足环境容量的污染物最大排放量，并将最大允许排放量分成若干规定的排放份额，每份排放份额为一份排污权，可以进行有偿转让或交易。政府就某种污染物排放权定期向排污者进行分配，分配的形式主要有招标、拍卖、以固定价格出售等。一般来说，对社会公用事业、排污量小且不超过一定排放标准的排污者，可以采取灵活的办法；而对于经营性单位、排污量大的排污者，多采取拍卖或其他市场方式出售。考虑到与主要污染物排放总量控制目标的衔接，有偿取得的排污指标存在有限期。排污单位可以一次性或者分期缴纳排污权出让的权益金。

一、总量控制是排污权取得的基础

排污者取得排污权的基础条件就是要确定可以允许排放的污染物总量，确定的途径是实施总量控制，也就是说，总量控制是取得排污权并进行排污权交易的基础。我国《大气污染防治法》第 21 条以及《水污染防治法》第 10 条、第 20 条均规定了污染物排放总量控制，为我国实行污染物总量控制提供了法律依据。污染物总量控制使环境容量纳入资源体系，体现出其稀缺性，同时明确了企业对该资源的产权。

污染物排放总量控制(简称总量控制)是根据区域环境目标(环境质量目标或排放目标)的要求，将某一控制区域(例如，行政区、流域、环境功能区等)作为一个完整的系统评估该区域的环境容量，再根据该环境容量推算出达到该环境目标所允许的污染物最大排放量，采取措施将排入这一区域的污染物总量控制在该最大排放数量之内，以满足该区域的环境质量要求。总量控制是一个环境管理思想，与"浓度控制"相对应。总量控制目标的制定是排污权交易进行的基础，同时排污权交易也提供了一种基于市场机制实现总量控制的有效手段。"总量控制通过限定环境容量的使用上限，明确容量资源的稀缺性，为环境容量的有效利用奠定了基础，总量控制把允许排放的污染物总量分配到各个污染源，借此明确排污单位对环境容量资源的排污权，为利用市场手段再配置容量资源提供了产权制度的基础。"[1]

1. 排放总量的确定

从理论分析上来看，排污权的多少应该取决于特定区域基于该地区的环境容量所确定的最大容许排污量。排污总量直接决定了排污权的稀缺性。排污总量数额定得过大，起不到有效保护环境的效果，也会造成排污权贬值，企业没有购买的动力；排污总量数额定得过小，又会造成排污权价格太高，企业无力购买。

环境容量具有特定性，它与某一地区、区域的环境状况相关联。企业等排污权主体本身是需要排污配额的，排污权交易的标的是剩余的排污配额，即在满足企业自身排污需求之后的可排放指标。环境使用权人依法在一级市场取得一定的环境容量后，可能因各种原因而出现环境容量的富余二级市场，就是对这些富余的环境容量进行的交易。排污权交易的客体是企业合法取得、合法享有的"富余指标"。交易的精髓是在于排污主体通过环保设备提高单位作业的效率，减少单位作业的能源消耗和污染物排放。如果某区域的环境容量饱和，就不会有"富余指标"，更不会进行排污权交易。污染物排放总量的确定不仅对特定区域的环境质量有着重大影响，也会对未来排污权交易的价格形成产生作用。如果排放总量确定得过高，排污权交易价格就会偏低，环境质量也难以得到改善；如果排放总量确定得过低，排污权交易价格就很可能过高，使得污染治理成本超过排污者实际能够承受的经济、技术水平，环境容量资源也可能没有被充分利用。总量控制的前提是要尽量精确地测算出一定

---

[1]　幸红：《中国排污权交易立法框架设想》，载《中国律师》2003 年第 12 期。

区域的环境介质的容量，这是一个必要的假定基础，但是，"最严重的困难是，在许多情况下科学的不确定性将使我们不能进行精确的量化"。①

　　然而环境容量的核算确定并不是一件容易的事情。环境容量是指在周围环境不受到危害的前提下的最大纳污能力，也是一种环境的自净同化能力。容量总量是在一定的水文或气象条件及一定的污染源条件下，某特定区域在满足该区域环境目标的前提下，单位时间所能允许的各类污染源向水或大气中排放的某种污染物的总量。容量总量需要运用科学的核算方式，因而需要较多的基础资料，包括环境区划、环境质量目标、污染物排放时空分布和排放方式、污染物环境化学特征的表征性资料，例如，水环境容量总量核算需要水文资料，大气环境容量总量需要地域地表特征和气象资料。这些资料的获取，都需要较大规模的调查工作。高准确度的容量核算需要复杂的模型，如果只利用较为简单的模型很难真实地反映区域环境容量状况，其结果的准确性及可靠性值得怀疑。

　　环境问题的解决离不开科技的进步，科技水平在一定的历史时期都是有限的。因此，我们应该立足于现有条件，在合理的范围内确定容量。以大气容量资源为例，既然大气容量资源的本质是一种功能，容量资源总量的界定应按照功能进行界定，可以避开实体形态的不确定性，这样，容量资源总量的衡量就变成对容纳功能大小的衡量。容纳功能的大小又可以用大气环境单元所允许承纳的污染物质的最大数量来表示，这样大气环境容量的大小就转化为以"允许排放的污染物数量"为表征，难以计量的功能因而变得容易计量了。

　　目前我国在实践中是依托目标总量控制的核算方式来确定排污权的总量。目标总量是根据控制区域某一时期既定的环境目标提出的污染物排放量和削减量。目标总量控制从现有的污染水平出发，针对特定的环

---

　　①　[美]凯斯·R. 孙斯坦：《风险与理性》，师帅译，中国政法大学出版社2005年版。

境质量目标要求，确定分阶段的总量和削减量，遵循"控制—削减—再控制—再削减"的程序，将污染物排放总量逐步减到预期目标。目标总量核算方式与最终要达到的、满足人类健康生活生态发展的、没有受到危害的环境质量水平并无直接关系，它只限于阶段性的目标。经过多个阶段性目标的设定及逐个实现，实现最终追求的环境质量水平。

2. 总量控制类型

总量控制制度通常包括目标总量控制、容量总量控制和行业总量控制三种类型。在环境科学实践中，总量控制可分为容量总量控制和目标总量控制两种。容量总量是指某一地区范围内某一环境介质（如水、大气等）最大限度地接纳污染物的能力，以环境容量为依据的总量控制被称为"容量总量控制"。它是根据区域环境质量目标，计算出环境容量，据此得出最大允许排污量，再通过技术和经济可行性分析，在污染源之间优化分配污染物排放量，最后制定环境容量总量控制方案。2003年，原国家环保总局就发文决定对全国地表水环境容量和大气环境容量进行测算。目标总量控制是依据区域污染物排放总量目标或区域污染物排放削减总量目标，从当前排放水平出发，通过技术和经济可行性分析，在污染源之间优化分配污染物排放量和削减量，制定排放目标总量控制方案，实现区域污染物排放总量目标和（/或）区域污染物排放削减总量目标。例如"十五"生态环境保护的目标是："到2005年力争使生态环境保护的监管能力得到加强，生态恶化趋势得到初步遏制，生态建设的成果得到有效巩固。"据此目标，并参考2000年的污染物排放水平，就可以确定2000—2005年的污染物排放水平。我国"十五"环保计划中的污染物总量控制目标是：到2005年，二氧化硫、粉尘、氨氮等主要污染物排放量比2000年减少10%；在酸雨和二氧化硫控制区内二氧化硫排放量比2000年减少20%，酸雨发生频率有所降低。

两种模式相比较，应该说，容量总量控制模式更具有科学性，它真实地反映了特定区域某种环境介质的自净能力，有利于环境保护目的的实现，理应成为我国总量控制制度的首选模式。但也要承认，这种模式需要巨额的资金投入，对科技水平要求也比较高，是一项极其复杂而艰巨的基础性研究工作。容量总量的精确计量还比较困难，它需要大量确定地域的环境质量追踪监测数据，还必须对特定污染物在该地域的迁移转化规律进行深入的分析，因此在全国范围内实施容量总量控制模式有相当大的难度。

目前，我国的总量控制基本上是目标总量控制。同"容量总量控制"相比，"目标总量控制"在实际操作中具有显著的优势：它方法简便，不需要高深的技术和复杂的研究过程；资金投入少，既考虑了环境质量要求，也考虑了经济发展水平、污染治理水平；能够充分利用现有的污染排放数据和环境状况数据比较容易地确定控制目标。因此，确定的总量目标比较合理，可行性也较强。而且，这种目标总量还可以根据不同时期的经济发展水平、污染治理水平进行必要的调整，逐渐下调，从而使得环境质量不断得到改善。但这种调整并不会影响排污指标的交易，就像货币发行量的调整并不影响货币流通一样。

但是，目标总量控制也有其不足之处，它所设定的"目标"虽然明确但不准确。因为在污染物排放量同环境质量标准没有直接联系的情况下，无法确切了解污染物排放对环境造成的损害（环境质量下降的程度）以及对人体的损害和带来的经济损失。这种目标的确定在某种程度上具有想当然的一面，是建立在当前污染治理的经济、技术水平上的妥协方案。①

3. 总量控制的类型选择

如前文所述，污染物排放总量的确定具有两方面的重要意义，一是使环境容量资源的稀缺性得以显现，二是能够将稀缺的环境容量资源分配给不同的排污者以构建环境容量使用权。这两方面的意义都要求排放总量目标必须具有科学意义上的精确性，这样才能实现环境容量资源的排他性使用，并为不同的权利确立边界。所以，污染物排放总量应该能够反映环境质量标准的要求，能够实现环境资源的可持续利用，能够合

---

① 参见王小龙：《排污权交易研究——一个环境法学的视角》，法律出版社2008年版。

理地协调经济发展与环境保护之间的冲突。如果使用目标总量控制，就可能出现对环境过度保护（目标总量高于容量总量目标）而容量资源利用不足，或环境保护不足（目标总量低于容量总量目标）而容量资源过度利用的情形，二者都是资源的低效率配置。就明确容量资源的稀缺性来说，只要它是一个逐渐递减的、限制性的目标，就能够反映容量资源稀缺的特征，但从科学的角度看，它并没有准确反映这种稀缺的程度，理想的总量仍然应是根据环境容量确定的容量总量。

其实，环境容量本身虽然在总量上是存在上限的，但其又是具有一定弹性的，对其进行数量上的描述应该是一个动态的过程。比如，环境容量也包括基于人类有意识的积极活动（植树造林、疏浚清淤等）而使环境容量扩大的部分。所以，关键是要建立一种机制调节所具有同样或相关功能的要素产品的配置，在这样一种机制下，精确的容量总量就显得并不十分重要了。即便获得了精确的容量资源总量，可以在市场上运动的资源却远非可以计量的，因此，从这一角度来看，精确的容量资源总量只具有科学上的意义，而并不是经济学意义上具有某种功能的资源总量。而排污权交易正是这样一种机制，可以激励远远多于科学意义上的容量资源的资源参与问题的解决。

综上所述，为了实现容量资源的有效配置，结合我国的实际情况，应该采取务实的渐进策略。现阶段目标总量控制与容量总量控制可以并存，对污染治理的重点地区和经济发达的地区采取容量总量控制，最终在总结经验的基础上逐步推向全国。浓度控制和总量控制各有特点，是一种互相补充的关系，二者不能相互替代。采取什么样的控制方法来解决污染问题要根据本国和本地区的实际情况来选择。总之，我国的污染控制战略要从以往的单纯浓度控制向浓度与总量控制相结合转变。

由于区域辖区与环境容量存在矛盾，所以在排放量分配时，要组织地区环境容量分配的研究和预算，进行充分的调查。合理的规划排污权交易是通过市场机制实现排污单位之间排污权二次分配的重要途径，是总量控制思路下市场进行环境资源优化配置的重要渠道，以确保实现区域总体经济效益最大化。例如，2011 年 9 月，江阴市被选为江苏省内进行排污权有偿使用和排污权交易的试点。在区域排污总量限定的条件下，由江阴市环保部门核发排污许可证，确定企业合法排污总量。有偿获得排污指标的企业因为采取减排措施或产能下降等原因而出现富余指标的，可以将富余指标拿到有"排污权银行"之称的储备交易中心进行环保储备，并获得"绿色利润"；因产能扩大或其他原因导致排污指标不够的企业，则需要向储备中心以高出市场价数倍的价格购买。江阴市试点实践表明，总量控制和排污权有偿使用是排污权许可和排污权交易的前提，排污权许可及排污权交易是总量控制的内在动力，有利于在全社会树立环境资源"有价、有限、有偿"的生态文明理念，促使企业从"末端治理"向"源头控制"转变，提高全社会环境保护意识，促进经济与环境的良性发展。

二、排污许可是排污权的取得形式

排污许可证制度是一项世界各国广泛采用且行之有效的旨在控制污染、保护环境的行政许可制度。排污许可证是国家生态环境行政主管部门依据法律规定，以一定区域范围内的环境容量为基础，对生产企业排放污染物活动的一种法律上的认可，是国家行政机关对排污行为的管理和约束，同时也是生产企业的排污行为得到法律保护的一种凭证。许可证制度要求无许可证者（不享有排污权者）不得排污，拥有许可证者不得违反规定排污，否则会因违法而受到法律制裁。瑞典是最早实行环境许可的国家，美国、澳大利亚、法国、日本等也都设置了较为完善的排污许可证制度。排污权交易是排污许可证制度的市场化形式。在美国环境政策实践过程中，根据戴尔斯的主张，排污权交易的思想得以确立，并在实践中形成了许多具体的实施形式，有诸多不同的名称：排放交易、排污许可交易、可交易许可证、可转让许可证等，但其核心思想是一致的，都是以可转让的许可证为对象实施排污权交易。

我国现行法律在总量控制下实行污染物排放的许可证制度，排污许可制度是指凡是需要向环境排放各种污染物的单位或个体工商户，都必须事先向生态环境主管部门办理申领排污许可证手续，经生态环境主管部门批准获得排污许可后，方能向环境排放污染物。

1. 排污许可的主体

作为行政许可的一种，"排污许可"是行政主体履行行政职权的管理行为。由于排污权的本质是环境容量使用权，该权利的客体是物化的环境容量资源。环境容量使用权则是通过许可的形式对他人所有的环境容量资源进行使用和收益，而环境容量资源的所有者是国家。因而对于排污许可来说，行政主体不仅是在履行行政管理职责，还是在对环境容量资源进行使用分配。

国家对于环境容量资源享有所有权并进行分配是有充分依据的。从理论上讲，私人所有者是自己财产最佳的守护者，但自然资源作为一种公共物品，无法排除私人的使用，而私人对自然资源使用的利益经常与社会对于自然资源的利益不一致，二者存在不可消除的矛盾和冲突。环境容量资源属于非生物性可再生自然资源，这类资源构成了人类生存的基本条件，也是一切生物得以繁衍生息的基础。由于这类自然资源对生态系统和人类社会的生产生活有着重要的意义，具有公共性和公益性，使用人在行使权利的时候必须要维护其生态利益和社会利益，国家对其所有权的界定就要从生态环境和社会整体利益出发去确定。所以，"环境资源不能归给个人自由地去支配，而是必须要由国家来对于有限的环境资源作合理之分配"①。

从实证上来说，我国《宪法》第 26 条明确规定："国家保护和改善生活环境和生态环境，防治污染和其他公害。"这为环境容量资源所有权归国家提供了法律上的依据。在国家所有权的体制安排下，国家作为一个抽象的主体必须把所有权委托给各级政府，各级政府就成为环境容量资源的形式所有者和受托人，各级政府及其生态环境主管部门可以行使所有者和受托者的权利，如许可使用环境容量资源的权利。环境容量资源属于国家所有的另一个重要原因是环境容量的大小直接体现了一个国家的经济、科学、技术水平，也与一个国家公民的素质和生活质量有

---

①　陈慈阳：《环境法总论》，中国政法大学出版社 2003 年版。

关，政府对环境容量的改善负有不可推卸的责任。

国家享有环境容量资源的所有权，但国家并不是环境容量资源的实际使用者。法律的作用就是要明确实际使用者的地位，即创立环境容量使用权，实现物尽其用。环境容量使用权作为一种财产权，不是指人与物之间的关系，而是指由物的存在及关于它们的使用所引起的人们之间相互认可的行为关系。换句话说，财产权制度表明的是一种人和人之间基于财产的使用而形成的关系，以及这种关系所带来的社会成本。从法律的作用来说，法律必须界定相关主体的权利以明确权利的边界、实现对环境资源的高效率合理配置。财产权设置上的不确定性会造成对产权的严重削弱，影响所有者对他所投入资产的使用预期以及财产交易的形式，所以要让环境容量资源真正发挥效用，就必须把国家所有的环境容量资源交给环境容量的实际使用者。这种交付需要一定的途径来实现，其具体表现形式就是国家给予使用者环境容量使用许可权。通过授予环境容量使用许可权，环境容量使用者成为环境容量资源的合法使用人，就可以在自己的生产活动中使用环境容量，发挥环境容量的经济效用。

国家作为环境容量资源的所有者必须对这种资源进行分配，这是由资源的稀缺性所决定的。由于环境容量是有限的，不可能满足所有使用者的需求，环境容量资源使用权的分配必须遵守一定的规则。通过总量控制，国家环境行政机关将经过计量的有限的环境容量资源进行分解，然后通过行政许可的方式分配给排污者。排污对象需要满足一定的条件，这个条件表现为申请行政许可的管理性条件，因为环境容量资源的特殊性决定了环境容量资源所有权人对使用权人进行选择和决定。其表现为环境管理行政主体依据相关法律法规的规定，经过法定程序，赋予特定的排污单位使用环境容量资源的资格，使之成为环境容量资源使用权的主体。

各级政府的环境主管部门代表国家许可排污者使用环境容量资源必须受到严格的监管和限制，不能超过总量控制的允许范围，防止政府的权力出现异化，即为了获得更多的利益无节制地向企业出卖许可而无视公民的生存环境。

2. 排污许可的性质

排污许可属于环境行政许可的一种。环境行政许可具有如下本质属性：它属于一种政府管制行为，体现为行政权力对相对人各种影响环境的行为带有强制性的、监控性的干预，但其强制性、监控性与其他种类具有相同性质和特征的行政行为又有所不同。环境行政许可的实质是以维护和增进环境公益为目的对相对人影响环境行为权利之赋予。"赋予"包括两个方面：一方面是对申请者是否符合行使所申请许可的权利须具备的法定条件进行审查和核实；另一方面是行政机关在申请者提出申请后，经过对申请者是否符合法定条件进行审查、判断后作出批准或不批准的决定，即赋予或不赋予。①

从目前我国的环境立法情况看，排污许可证主要有两类：一类是广义上的排污许可证，即国家生态环境主管部门对不特定的一般人依法负有不作为(不排放污染物)义务的事项，在特定条件下，对特定对象解除禁令、允许其作为(排放污染物)的许可行为。这类许可存在的前提是法律的一般禁止，为适用社会生活和生产的需要，对符合一定条件者解除这种一般禁止。另一类排污许可证是污染物排放总量控制制度下颁发的许可证。这一类许可证是狭义的特定的许可证，只能在环境保护领域内使用。上述两类排污许可证，前一类许可证是不能转让或交易的；而能够进入市场，作为一种商品进行有偿转让交易的，仅限于后一类许可证。污染物排放总量控制制度下颁发的许可证是国家生态环境行政主管部门以环境容量资源所有者的身份，通过许可证的形式授予相对人环境容量使用权，完成环境容量使用权的初始分配，从相对人的角度来讲也就是取得环境容量使用权。或者说，这种许可证是建立在排污权交易体制下，为了适应将"排污权"构造为特别法上的物权"环境容量使用权"，可以直接将排污许可证作为排污当事人享有并可以行使权利的证明。目前能够进行排污权许可证交易的主要是废气和废水领域。《大气污染防治法》规定：在国务院或者省级人民政府划定的大气污染物总量

---

① 李丹：《环境行政许可设定分析》，武汉大学硕士学位论文，2004年。

控制区内有总量控制任务的企事业单位，需要申请大气污染物排污许可证。《水污染防治法》规定：在国务院或者省级人民政府批准实施重点水污染物总量控制的流域，纳入总量控制实施方案的排污单位，需要申请水污染物排污许可证。

　　也有学者将环境行政许可看作政府的单方管制行为，强调生态环境主管部门对许可证申领者单方面强制性、监控性的政府管制权力。对此种观点，有学者认为这种认识忽略了环境管理者对保护排污者合法经营权的义务与责任，同时忽略了在排污许可法律关系中作为第三者的公众的参与权。排污行政许可立法在以下几个方面存在缺位：对排污许可行为应承担的法律责任的缺位；在排污许可程序上公众参与和环境信息公开的缺位；以及相应管理与监督机制的缺位。另外，排污许可涉及持续削减，在发放排污许可证之前，环保部门需要核实企业申报登记的排污量，并且在总量分配时了解企业削减污染物的潜力，单方管制的许可行为无法满足持续削减原则与企业技术秘密保护整合的要求。

　　由于这些缺陷的存在，有学者提出对于排污许可行政行为的法律性质应当明确为公益的行政合同。环境保护的公益性决定了排污许可的行政性，而作为排污许可管理基本法律原则之一的持续削减原则决定了排污许可的契约性。排污许可为公益的行政合同之法律性质是由排污行政许可的法律特点决定的，从内容、履行方式及不履行责任上看，排污行政许可都表现出环境公益合同的法律特征：（1）其内容是为防治企业经营活动造成的超标污染以及持续削减污染，决定一系列相关的、具体的作为与不作为义务，包括前置性条件（如排污单位的建立是否符合环境影响评价法和国家产业政策，即排污者是否有合法身份）、日常管理性要求（如在生产经营过程中维护污染治理设施的正常运行，监测污染物的产生和排放情况，按期向环保部门报告，按期参加年检等）以及技术性要求（如排放污染物的浓度速率、数量、时段、烟囱高度等参数）；（2）以保护地区环境、防治环境污染为目的，具有公益性；（3）在必要而合理的范围（切实的污染排放标准）内；（4）基于协商形成合意，如前所述，环境管理机关只有寻求企业技术人员和管理人员的积极参与和合作，才可能使污染减排取得实实在在的成效；（5）要求许可证具有持续性、稳定性和司法强制力。①

3. 排污权的初始分配

排污权初始分配指的是在排污权交易制度框架体系内，在政府或其主管部门主导下，依据既定分配原则、规则和方式，在特定排污主体间进行既定主要污染物排放总量分配的行为、过程以及所形成的各种法律关系的总和。② 排污权初始分配是排污权交易的重要组成部分，是一个动态的过程。

排污权初始分配是在行政主导下进行的。排污权交易制度虽是一种基于市场机制的污染控制策略，但第一环节的总量控制需要通过法律明确授权的政府或政府主管部门借助正当法律程序完成，最后一环节中的排污权交易市场也是在环境主管部门监管下的不完全市场。在这个过程中，生态环境主管部门还会基于环境或其他公共利益客观需要，通过回购、储存等形式直接参与甚至左右排污权交易市场。从总量控制到交易的中间分配环节更是离不开行政的主导。

行政机关对排污权初始分配的主导性主要体现在：政府主导制订初始分配计划，即政府有关部门依法厘定分配接受主体范围类型、分配对象以及具体分配规则；在初始分配计划、原则和规则指导下，依法对初始排污权份额进行分割。分配计划是排污总量控制目标得以有效实施的先决条件，更影响到排污主体的切身经济利益和对环境的实际使用。虽然说行政手段是最优资源配置方式，因为它是无波动、最节约、效率最高的配置，但要实现这样配置需要行政主体能够代表社会的一致利益并掌握足够的信息。对于排污权进行最有效的初始分配需要行政主管部门对全社会所有排污主体排污状况，包括移动排放源和固定排放源、排污口设置、点源面源、各种各样污染物等信息的全部掌握。但从实际操作

① 左平凡：《论排污许可法律关系》，载《沈阳工业大学学报（社会科学版）》2010 年第 1 期。
② 王清军：《排污权初始分配的法律调控》，中国社会科学出版社 2011 年版。

层面上看，对于环境资源的使用，行政机关很难权衡各种主体多层次的利益需求，而且获取全面的污染信息也是困难重重。因而对于排污权初始分配不能单纯依赖行政主体进行配置，而需要市场机制的运用。与单纯的行政手段相比，市场机制利用自身价值规律来发现价格信息和排污信息，利用竞争手段来降低行政及社会成本，利用合作手段来达致各种目标协议的有效实现，甚至可以减少行政腐败问题滋生。初始分配一般是通过排污许可证的形式加以确定，通常情况下不会将所有总量控制指标都用完，会预留部分许可，以备新企业进入市场，或者是奖励积极采取有效措施减排的企业。

关于初始分配的方法，目前主要有公开拍卖、定价出售、无偿分配、奖励以及无偿分配与拍卖混合等方式。无偿分配模式更加便于操作，但在分配的公平性上有所欠缺。市场机制发挥作用较多的是在定价出售和拍卖两类有偿分配模式中。对于这两种模式的利弊，各学科学者尤其经济学的学者们进行过较为热烈的讨论和分析。在国内，还有部分学者将理论和实际相结合，进行了实证探讨。王孟等(2008)对汉江流域实施排污权交易初始分配进行了实践研究，将汉江中下游实施排污权交易分为5个阶段，即水功能区划、水功能区纳污能力核定和限排总量的提出、排污权的初始分配、排污权的再分配和交易的监督管理。以水功能区为单元，对汉江中下游水域纳污能力进行核算，并对其排污权进行了初始分配，为进一步实施排污权交易制度的建立提供借鉴。[1] 关于学者们的主要研究成果，梳理如下：

第一，排污权免费分配模式。

李寿德、王家祺(2003、2004)对初始排污权不同分配下交易对市场结构的影响进行了研究。他们认为初始排污权在免费分配的条件下进行交易时，如果目前厂商中没有一个预见到其排污权的购买将限制产量，则潜在的进入者可成为产品市场的垄断者。并得出在排污权交易市

---

[1] 王孟、叶闽、肖彩：《汉江流域实施排污权交易初始分配的实践研究》，载《人民长江》2008年第23期。

场中，当初始排污权免费分配存在潜在进入者时，由于具有完美且完全信息产品市场的垄断非常困难，而当初始排污权采取拍卖分配时，将不会阻碍厂商的垄断性的结论。但这个结论是根据进入者通过出高于最大价格而能够购买所有排污权的条件得到的，在极端的情况下，所有的当前厂商受到资金的限制，垄断是不可能发生的。①

李寿德、黄桐城（2005）分析了初始排污权免费分配条件下不进行交易和进行交易时对产品市场结构的影响问题。他们认为当初始排污权免费分配后不进行交易时所导致的产量的限制非常严格，以至于其带来的总产量足够低于垄断产量，并随着指令控制的引入，利润可能递减，资源配置处于帕累托无效的状态；当初始排污权免费分配后进行交易时，在产品市场和排污权交易市场处于完全竞争，并具有完全和完美信息的条件下，庇古税和排污权交易系统带来的政策效果是一样的，这意味着初始排污权的分配方式对厂商产生不同的结果，因为厂商在庇古税的条件下获得相同的利润。②

宋玉柱、高岩（2006）探讨了关联污染物的免费初始排污权分配问题，在公平性和经济效率优先原则下给出了该问题的决策模型，并对公平性的权重问题给出了基于最小二乘方法的模型。③ 张颖、王勇（2006）对当时中国排污权初始分配进行了介绍，并分析了三种模式的不同实施方法和各自的优缺点，提出基于免费分配和有偿分配相组合的模式，对我国排污权初始分配进行了新的设计构想。④ 赵海霞（2007）对不同市场条件下排污权初始分配方法的选择进行了研究，认为：实践中，排污权的初始分配的免费分配方式更具有操作性，所以急需解决的

① 李寿德、王家祺：《初始排污权不同分配下的交易对市场结构的影响研究》，载《武汉理工大学学报（交通科学与工程版）》2004年第1期。

② 李寿德、黄桐城：《初始排污权的免费分配对市场结构的影响》，载《系统工程理论方法应用》2005年第4期。

③ 宋玉柱、高岩、宋玉成：《关联污染物的初始排污权的免费分配模型》，载《上海第二工业大学学报》2006年第3期。

④ 张颖、王勇：《我国排污权初始分配的研究》，载《生态经济（中文版）》2005年第8期。

是免费分配方案的选择与制定。在完全市场条件下，为了使有限的环境资源得以有效地利用，同时为了让厂商更容易接受分配标准，应当建立以经济最优性为主目标、公平性为次目标的多目标分配模型。在非完全市场条件下，为了尽量减少排污厂商利用排污市场影响产品市场竞争情况的发生，并减少因分配数额与未来实际需求过大而造成过多地消耗在交易成本上的费用，应当建立以需求均衡原则为指导的分配模型，并提出根据将分配的排污权与公平排污权之间的数额差距，通过财政辅助手段来满足公平需求的初始排污权免费分配方案。[1]

高慧慧、徐得潜（2009）针对排污权免费分配结果的不公平性，在综合考虑影响排污权初始分配诸多因素的基础上，提出了一个公平条件下水污染物免费分配模型，并通过实例分析论证了该模型对各排污污染厂商之间的实际差异的兼顾性和公平性。[2]

邹伟进等（2009）认为排污权交易制度的实践证明了排污权的合理分配会对排污权交易制度的有效运行及环境总量控制目标的实现产生重大影响。单一的排污权分配方式导致排污权分配机制的低效。如果在排污权初始分配机制的构建中引入累进性的价格机制，使免费与有偿分配有机结合并发挥环保产业的补偿功能，那么分配机制将能有效地界定排污权的价格并防范市场势力，从而实现公正合理的分配，促进排污权交易制度的良性运行。[3]

孙卫（2011）认为黄桐城（2005）提出的初始排污权免费分配模型没有考虑到成本有效原则，模型的设计存在缺陷。他按照成本有效的原则对该模型进行了修正，建立了基于成本有效的排污权分配模型，并进行了仿真。通过具体的算例，对比两个模型的分配结果，证明了新建模型

---

[1]　赵海霞：《不同市场条件下的初始排污权免费分配方法的选择》，载《生态经济》2006 年第 2 期。

[2]　高慧慧、徐得潜：《公平条件下水污染物排污权免费分配模型研究》，载《工程与建设》2009 年第 3 期。

[3]　邹伟进、朱冬元、龚佳勇：《排污权初始分配的一种改进模式》，载《经济理论与经济管理》2009 年第 7 期。

的优越性和可行性，为我国排污权交易实施的排污权初始分配提供了重要的思路。①

易永锡等（2012）运用动态相对绩效机制模型研究发现：在免费分配模式下，通过生产决策，厂商的最优化行为不是减少污染物排污量，而是增加污染物排污量，以获得更多的排放污染物的权利，也即排污权的配额。这种机制下不能达到社会最优结果，会严重地损坏整个社会的福利。②

赵文会（2016）认为：在排污权的两级市场中，政府和排污企业之间存在着一定的层次关系，两者相互干预并相互制约，这种关系会直接影响排污权配置效率的高低。他采用双层规划模型来描述排污权交易系统的资源优化配置问题，根据排污权分配过程中各参与主体的行为特征，将区域政府和排污企业分别作为上、下层决策者，建立了区域政府，以区域总体经济效益最大和社会污染最小即社会福利最大为目标，而排污企业建立了以个体经济效益最大为目标的双层规划模型，并提供了具体的算法，结合实际的算例，证明双层规划模型的合理性和有效性。③

第二，排污权有偿分配模式。

李寿德、仇胜萍（2002）在阐述排污权交易思想产生根源的基础上，从环境价值的多元性等角度探讨了初始排污权定价问题的复杂性。他们认为环境价值包含很多无法用经济尺度来衡量的因素，很难确定一个合理的价格。如果初始价格过高，会增加污染厂商的生产成本，影响污染厂商的生产计划，过低则失去了价格信号的意义，解决不了污染问题。④

---

① 孙卫、尚磊、袁林洁：《基于成本有效的流域初始排污权免费分配模型》，载《系统管理学报》2011 年第 3 期。

② 易永锡、许荣伟、赵曼、程粟粟、邹伟光：《水域污染控制的微分博弈研究》，载《南华大学学报（社会科学版）》2017 年第 5 期。

③ 赵文会、谭忠富、高岩、陆青：《基于双层规划的排污权优化配置策略研究》，载《工业工程与管理》2016 年第 1 期。

④ 李寿德、仇胜萍：《排污权交易思想及其初始分配与定价问题探析》，载《科学学与科学技术管理》2002 年第 1 期。

　　李爱年、胡春冬(2003)认为，排污权初始分配在计划经济时代是以无偿为特征、以多数人为少数排污者支付环境容量资源为代价的。在转型时期，我国建立了排污收费制度，初步确立了隐性的排污权有偿分配制度，但相关法律规定是分散的、不一致的。随着开放的扩大和市场经济体制的建立，有必要进一步改变"环境无价"的观念，建立显性的有偿分配排污权的机制。①

　　李霞、狄琼(2006)也从法律角度对初始排污权分配方式进行了探讨，认为对初始排污权的分配应该是有偿的。②

　　赵文会(2006)对政府定价过程中排污权价格的确定机制进行了研究。他认为，当市场处于不完全竞争的状态下，政府定价下的排污权价格与排污权交易市场上出清价格的偏离程度可以由市场参与者获得的初始排污权数量的多少来表示，即价格的高低与参与者获得的排污权的初始数量密切相关，这个发现对于政策制定者有效合理地对排污权进行定价来说具有重要的参考价值。③

　　毕军等(2007)从我国实际出发，探讨了我国排污权有偿使用的理论基础和初始分配价格的定价理论，建立了排污权有偿使用初始分配的定价模型，并以江苏省电厂二氧化硫排污权为例，计算了江苏省不同地区排污权有偿使用的初始分配价格。④

　　卞化蝶、李希昆(2007)认为，由于我国各地的经济发展不平衡，相关配套法律制度不够完善，初始分配采取政府无偿分配和政府定价都将导致分配不公和排污权被积聚到个别污染厂商手中。因此，对于我国现在的国情应实行以拍卖为主，相关制约措施和鼓励性政策为辅的方式

---

　　①　李爱年、胡春冬：《排污权初始分配的有偿性研究》，载《中国软科学》2003年第5期。

　　②　李霞、狄琼：《排污权初始分配方式法律问题探析》，载《理论导刊》2006年第6期。

　　③　赵文会：《初始排污权分配的若干问题研究》，上海理工大学硕士学位论文，2006年。

　　④　毕军、周国梅、张炳、葛俊杰：《排污权有偿使用的初始分配价格研究》，载《环境保护》2007年第13期。

来完成排污权初始分配。①

胡民(2007)利用影子价格模型对排污权交易市场中排污权的初始定价及交易中的市场出清价格的形成机制进行了分析，指出通过影子价格可以为政府在初次分配排污权时寻求定价依据，从而达到企业目标和社会目标相一致，在交易时利用影子价格可以为二级市场提供定价依据，促进市场运行效率。②

林云华(2009)认为一种合理的排污权初始分配、交易制度以及排污权定价机制是影响排污权交易市场表现的重要因素。他从理论上分析了不同市场条件下排污权交易二级市场价格的决定机制；借助博弈论探讨了不同价格条件下排污企业的污染治理策略；并对排污权交易一级市场价格的影响因素、排污权交易市场的定价机制及影响因素进行了研究。③

乔志林、费方域、秦向东(2009)指出市场机制被认为是解决诸如污染等外部效应问题的有效方法，排污权交易理论建立在市场竞争的基础上，认为许可证的初始分配并不影响配置效率，依靠市场机制会实现许可证的最优配置。他们用实验室双向拍卖机制建立了具有外部效应的产品市场以及相应的许可证派生需求市场，测试了排污权交易理论应用的边界条件。研究发现许可证初始分配所形成的市场势力可以影响外部效应的矫正效率。④

高鑫、潘磊(2010)探讨排污权初始分配的制度性缺陷，分析我国将排污权免费分配给企业的弊端，例如，妨碍了公平竞争，损害了资源

---

① 卞化蝶：《〈环境保护法〉的修改——从排污权初始分配和区域环境管理角度来辨析》，载《中国法学会环境资源法学研究会、国家环境保护总局、全国人大环资委法案室、兰州大学：环境法治与建设和谐社会——2007年全国环境资源法学研讨会(年会)论文集(第二册)》，2007年6月。

② 胡民：《排污权定价的影子价格模型分析》，载《价格月刊》2007年第2期。

③ 林云华：《论排污权交易市场的定价机制及影响因素》，载《当代经济管理》2009年第2期。

④ 乔志林、费方域、秦向东：《初始分配与应用市场机制矫正外部效应——一个实验经济学研究》，载《当代经济科学》2009年第2期。

配置效率等。他从社会资本角度出发，认为合理的排污权初始分配方式应该是有偿的，政府应在环境总量控制的基础上，通过与居民身份证挂钩的方式发行排污权证。[1]

吕一兵等(2014)认为初始排污权的分配及定价是排污权交易制度实施过程中的一个难点。利用双层多目标规划研究了初始排污权的分配及定价问题。根据排污权管理机构和各排污者在排污权市场上的行为特征，构建了初始排污权分配及定价的双层多目标规划模型，并给出了相应的求解算法，用一个简单的实例验证了模型的可行性。[2]

王兆群(2015)认为，排污权的合理定价可以为环境保护提供正确的经济激励，引导排污企业将污染排放量设定在社会的最优水平。从理论上分析了排污权定价时应综合考虑的影响因素，构建了排污权定价模型的指标体系；运用主成分分析法和客观赋值法，从地区因素、污染物因素和行业因素三方面附加权重计算排污权基准价定价模型的价格系数，为排污权合理定价提供了参考。[3]

阮梅芝、胡桂平、王丽芳(2008)对南方某市二氧化硫排放指标分配进行了研究，针对所研究城市大气 SO_2 污染排放特征和总量控制目标，提出了对所研究城市的火电行业的排放指标进行单独分配的分配模式。对火电行业采用排放绩效法分配其 SO_2 排放指标，而除火电行业之外的其他行业则采用兼顾环境容量和环境质量目标的 SO_2 初始排污权分配模型进行分配。并结合各区域大气 SO_2 环境容量及 2010 年 SO_2 排放量预测值对分配结果进行合理性分析。[4]

韩凤舞、孟祥松(2008)分析了排污权市场化对抽水蓄能电站运营

---

[1]　高鑫、潘磊：《从社会资本角度探索创新排污权初始分配模式》，载《生态经济》2010 年第 5 期。

[2]　吕一兵、万仲平、胡铁松：《初始排污权分配及定价的双层多目标规划模型》，载《运筹与管理》2014 年第 6 期。

[3]　王兆群：《有偿分配下排污权基准价定价模型研究》，载《环境污染与防治》2015 年第 1 期。

[4]　阮梅芝、胡桂平、王丽芳：《南方某市二氧化硫排放指标分配研究》，载《环境科学与技术》2008 年第 4 期。

成本的影响。从抽水蓄能电站定价的三种原则中选择了成本加成法进行
计算。对抽水蓄能电站的静态和动态服务两部分进行成本计算，加入了
排污权市场化因素。在考虑抽水蓄能电站的运营模式时，选择了租赁制
和两部制电价作为成本加成定价原则的具体实现环境，并通过对两者的
对比得出两部制电价更优的结论。[1]

于术桐等（2009）对流域排污权初始分配模式进行了研究。他们指
出我国流域排污权初始分配的基本原则是兼顾公平与效率。以行政管辖
区为排污权交易的主体，可以降低大流域内排污权交易成本，据此认为
在大流域开展排污权初始分配可以以行政管辖区为主体。他们提出按需
分配法、改进的同比例削减法、排污绩效法、综合法、环境容量法等5
种排污权初始分配模式。各流域开展排污权初始分配时，应根据各自的
经济发展特点，选择合适的模式。在淮河流域当前发展阶段，应主要采
用综合法的分配模式。[2]

4. 排污权有偿取得的必要性及方式

从各国排污权交易的实践来看，不同的分配模式有各自的优缺点。
排污权无偿分配模式的优点是根据污染主体的历史污染水平分配环境容
量而无需支付成本，让排污权交易的推行较之有偿分配模式更具操作
性。当然无偿分配模式也存在不容忽视的缺陷，因为污染主体是无偿得
到排污所需的环境容量，而作为公共物品的环境容量不支付任何成本就
分配给污染主体有违环境正义；另外，如果污染主体降低了自身的排污
水平，会影响以后在初始分配环节中分配给自己的排污量，变相地增加
了污染主体在排污权二级交易市场中的成本，对企业减排产生负激励。
排污权有偿分配模式的优点在于实现了"资源有价"的目标，将环境容
量通过出售或者拍卖的方式有偿分配给污染主体，污染主体通过对环境
容量价值的判断，调整自身的排污行为，控制排污量，使得环境容量被

---

① 韩凤舞、孟祥松：《排污权市场化下不同运营模式的抽水蓄能电站定价研究》，载《电力需求侧管理》2008年第4期。

② 于术桐、黄贤金、程绪水：《流域排污权初始分配模式选择》，载《资源科学》2009年第7期。

充分利用。不过该模式既加重了企业的经济负担，同时还增加了政府治理环境污染的资金，由此增加了排污权交易实施的阻力。可见，不论采取哪一种分配模式，都无法完全避免两种分配模式中存在的缺陷。①

从排污权的权利性质及来源来看，行政机关通过行政许可将环境容量使用权"让渡"给合乎有关条件的排污单位是一种创设财产权利的行为，在行政法上属于特许。这是一种对国家所有权利的授予，而不是对相对人权利的限制。这种许可是附利益的许可，是有偿的许可，相对人应当支付对价。尽管排污者排污是通过依法申请并获得了排污许可证，但合法的手续只能表示国家对这种占有和使用的认可，而绝不应理解为是对所有权的赠与和放弃。我国在1996年正式把污染物排放总量控制政策列为"九五"期间环境保护的考核目标，并把全国的污染物排放控制指标逐步分解到各地区，各地区基本上采用计划经济的手段，把本地区的总量控制指标无偿划给各排污单位。在实践中采取的无偿分配也就是对排污许可不收取任何费用的做法，致使环境容量作为一种有价的资源长期以来由排污者无偿享有，造成了自然资源所有者与使用者在利用资源过程中的权利和义务不对等。

在无偿分配模式下，一方面现有排污者缺乏持续削减排放指标的积极性，倾向于通过非正常渠道占有过多的排污权来谋利；另一方面，新建企业只能通过向现有排污者购买排污权进入市场，这不仅对新建企业极不公平，而且阻碍了经济的发展。② 另外，无偿分配方式很难确定分配的基点，理论上以现有企业的实际排放量为准是合理的，但在实践中政府准确了解各个企业的实际排污情况并不是一件容易的事情。由于我国目前主要是依靠企业的排污申报，企业出于利己的动机完全可能虚报数据，这就加大了政府部门的监管成本。结果很有可能造成多排多得、少排少得的局面。这不仅是对污染大户的鼓励，使污染者付费原则沦为

---

① 巩海平、周雪莹：《我国排污权交易法律规制之反思》，载《甘肃广播电视大学学报》2020年第2期。

② 何勇海：《像青菜萝卜一样买卖——深思"排污权交易"》，载《中国青年报》2002年6月19日。

污染者获利手段，也是对那些积极治理污染的排污者的歧视和打击。此外，政府机关拥有完全决定权也会增加权力"寻租"的可能。

相比之下，排污权的有偿分配方式不仅更为公平和高效，也更有利于实现环境保护。第一，有偿分配方式变相地提高了企业进入市场的门槛，可以对污染严重、经济效益低下的落后企业构成有效的限制。第二，它鼓励企业积极采取污染治理措施，减少排污，以节省购买排污权的开支。第三，这种做法使现有排污者与未来排污者实现了经济地位上的平等，消除了不当利益的产生。第四，有偿分配获得的资金可以为国家进行环境保护提供有力支持。第五，有偿分配的方式可以有效杜绝地方政府为了地方经济利益，放任排污者超许可排污的现象，因为排污者的超许可排污行为会使地方政府的收益外流。第六，有偿分配排污权的方式也有利于实现国际间的公平竞争。①

从国际实践来看，排污权有偿分配模式的应用更加广泛。欧盟已经开始在碳排放交易中引进有偿的拍卖机制，借以纠正以往因为各成员国向企业免费发放的排放配额许可过于充裕而导致交易不活跃和交易价格过低的弊端。从国内实践来看，我国已经在太湖流域实行排污权有偿使用和交易试点，将排污指标作为资源实行初始有偿分配。2014年8月25日，国务院办公厅《关于进一步推进排污权有偿使用和交易试点工作的指导意见》中明确试点地区实施排污权交易有偿分配的模式。由于实行污染物总量控制的重点对象大多为国有企业，无偿分配排污许可的做法也实行了相当长的时间。如果立刻全面采取有偿分配的方式不仅会对企业的生产成本造成巨大的压力，也会遭到较大的阻力。因此，在具体实施时，可以采取各种灵活的方式，比如可以先按历史记录将排污许可全部免费分配给现有企业，但同时规定一个较长的转化期。在此转化期内，企业可获得的许可逐年按比例地变为有偿取得，使企业有充裕的时间实现清洁生产并减少对生产成本的冲击。转化期结束，从无偿取得向

---

①　参见王小龙：《排污权交易研究——一个环境法学的视角》，法律出版社2008年版。

有偿取得的转轨也就此完成。

当然，如果排污权分配完全采取有偿的方式并一次分配完毕，也存在一些弊端。首先，排污指标如果一次被分配完毕，那么以后建立的企业都只能通过市场交易的方式再次取得排污权，这就为涉及国计民生、国家安全等必须设立的企业设置了障碍。其次，少数大企业可能会利用自己的资本优势囤积富余排污权进行垄断。有鉴于此，理想的分配方式应该是以有偿为主，无偿为辅，国家应当留存一定数量的排污指标。这样做，政府一方面可以为涉及公共利益的企业"开绿灯"；另一方面也可以选择适当时机将留存指标投放市场，干预少数企业的垄断行为。美国实际上也采取了混合式的分配方式。在实践中，美国主要采取无偿分配的方式，但仍然要从许可的排污总量中抽出2.8%进行强制拍卖，拍卖后的钱再还给企业。这样做的目的是新建企业能够顺利进入排污市场而又不会突破污染物总量限制，同时也避免某些大企业垄断指标。而且，拍卖的价格也可以为政府提供市场交易价格参考。

排污权有偿取得的方式主要包括政府定价和拍卖。政府定价存在较大的缺陷，主要是政府无法掌握准确而恰当的价格信息。如果政府定价过高，会使得经济力量较弱的企业被迫退出市场，对经济发展造成不必要的妨碍；如果政府定价过低，污染成本内在化的目标就无法实现，对排污单位很难产生减排的激励。另一方面，如果政府采取统一定价的方式，不同排污单位治污成本的差异就无法体现；如果政府采取差别定价的方式，将会造成不公平竞争和权力"寻租"行为。

由于排污权的产生基础是国家作为环境资源的所有者将具有竞争性和排他性的资源"特许"给条件优越的竞争者，因此和政府定价相比，拍卖方式无疑具有明显的优势。拍卖可以借助企业之间的竞争使排污权的真实价值得以显现，从而节约信息的搜寻成本；拍卖通过"价高者得"的价格形成机制可以将排污权赋予最具有污染治理潜力的排污者；拍卖公开进行能避免各个利益集团之间的争执，防止"暗箱操作"，体现公平、公正的原则；拍卖通过激烈的竞争能够实现拍卖标的价格最大化，为政府治理环境提供可观的资金。目前我国以拍卖的方式分配排污权也不存在法律上的障碍。《行政许可法》第 53 条规定，实施有限自然资源开发利用、公共资源配置以及直接关系公共利益的特定行业的市场准入等需要赋予特定权利的事项的行政许可的，行政机关应当通过招标、拍卖等公平竞争的方式作出决定。当排污权以拍卖这种有偿的方式进行分配以后，这项财产权利就成为排污企业财产权的一部分。除非因为排污企业违反排污许可证的规定行使权利，当排污企业解散、破产或被撤销以后，国家将不能再收回有效期尚未届满的排污权，该财产权利应同企业的其他财产一样进入清算程序。

不可否认，拍卖方式尽管公平，但有可能造成大企业凭借雄厚的资金实力恶意囤积排污许可进行垄断以排挤竞争对手的后果。为了解决这个难题，政府应该不断削减排污许可总量，一方面可以达到减少污染、保护环境的效果，另一方面也能迫使企业不要占有多余的排污权，防止出现集中和垄断，以便充分利用有限的环境资源为经济建设发挥更大的作用。如果许可排放的总量一直不变，最后将导致排放许可集中在某些人手中并使得这些人成为市场经济条件下的独占者，而让所有其他污染排放者不得不依靠独占者施舍一定的排放量才能够生存下去。从国外的情况来看，在美国的"酸雨计划"中，每年的总量就是呈递减的方式来设计的，所有电厂排放的二氧化硫在 1980 年是 1750 万吨，从 1995 年开始到 2010 年的排放总许可是 895 万吨(一个许可单位允许排放 1 吨的二氧化硫)。

但是，我们也要意识到，采取许可证发放总量的逐步递减方法也会产生消极作用，这可能严重影响排污权交易市场的有效运行。因为，市场主体的合理预期是任何市场有效运行的基本条件。排污源要在排污权交易市场中形成合理预期，排污许可总量必须保持相对稳定，如果不断削减排污许可总量，则排污源难以形成合理预期，排污权交易市场难以有效运行。因此，政府主管部门在颁发许可证的时候必须载明被许可人在一定期限内许可的排污总量，使排污总量的削减保持相对稳定，排污权人能够拥有合理的预期。

第四节　交易排污权的二级市场

　　对排污权进行具体交易的市场就是排污权的二级市场。排污者通过排污权的初始分配获取排污权后，如果排污需求大，可以在满足区域污染物排放总量不变的情况下在二级市场上买入；相反，如果企业减少排污有富余的排污指标，则可以在二级市场售出获利。新建、扩建和改建企业可以从行政主管部门获得排污指标，也可通过二级市场获得排污指标。二级市场一般需要有固定场所、固定时间和固定交易方式等，是实现排污权优化配置的关键环节，理论上主要由市场主导。

　　从排污权的一级市场与二级市场的内涵可知，排污权的一级市场即排污权的初始分配和有偿取得，二级市场即排污权交易市场，两者相辅相成，排污权初始分配和有偿取得是排污交易的基础，排污权的初始分配并不等于最优分配。只有通过排污交易，即排污权的再分配，才能实现排污权的最优配置。在排污权交易市场中，主要由法律决定排污权一级市场(初始分配)的公平性，由市场决定排污权二级市场(再分配)的效率，两者在实施手段、参与主体、风险大小、作用效果等方面具有较大的差别，具体如下：

　　第一，参与主体不同。一级市场的参与主体是政府与排污者，且主要由政府主导，政府垄断排污权一级市场，也就是说一级市场排污权交易的一方是企业，另一方则是具有强制力的政府。对于政府而言，对排污权进行初始分配的行为是一个典型的行政行为；对于排污企业而言，通过行政许可活动获得特定环境容量使用权并可以进行交易的行为，是二级市场排污权实现自由交易的前提。二级市场的参与主体是具体的污染物排放企业排污者，他们形成排污权交易市场的需供方。排污权供给者的产生是因为排污权价格大于企业自身的治理费用，激励企业进行污染治理，而一旦治理的成果达到排放标准以下，企业就有了可以用来出售的排污权，于是就产生了排污权交易的供给者。而治理污染达不到排放标准的企业或新建、扩建的企业就成为排污权交易的需求者。排污者之间的交易在二级市场进行，这是一个完备的自由交易市场，它的交易价格以及交易规则都应该是市场化的。

第二，实施手段不同。排污权的一级市场实施的主要是进行执行法律法规有关总量控制和排污许可证颁发的行政管理。在这种制度安排下，政府制定法律法规、政策和排放标准，并设定排污权申领的条件，始终处于主动地位，但是，它却不是排污和治污的主体；企业虽是排污和治污的主体，但却处于被动的地位，必须达到法律法规规定的污染排放标准，满足行政管理部门对污染物排放的具体要求。排污权的二级市场实施手段主要是市场手段。在排污权交易的二级市场，政府不仅放弃了一些配额交易的权利，部分地退出了交易过程，而且也放弃了借此获得的交易利益。与此同时，企业取得了排污权交易的利益，就有了积极参与污染治理和排污权交易的巨大激励。治理污染就从一种政府的强制行为变成企业自主的市场行为，其交易也从一种与政府行政主管部门之间的管理与被管理关系变成一种真正的市场交易。

第三，风险大小不同。与股票市场和房地产市场类似，当排污权的市场机制发展得比较成熟时，排污者可以在排污权交易市场上进行投资。符合条件的排污企业可以在排污权一级市场获取超过其实际所需的排污权，经过一定包装后可进入二级市场进行交易，从而获取利润。可以说，初始的排污指标如同一只潜力无穷的"原始股"。对于企业来说，多争取一份排污指标，就等于多争取到一份利益，自己用不了的指标可以卖给别人，保证只赚不亏。排污者也可以在排污权二级市场根据市场行情买入超过其实际需要的排污权，等到排污权市场价格涨到高于买入价格时，可出售获利。当然，从排污权交易机制建立的目的来说，这种行为是不被鼓励的，需要政府通过立法等手段加强排污权一级市场和二级市场的管理，有效制止滥用和非法转让排污权，杜绝蓄意囤积居奇等扰乱市场的买卖行为，通过这些措施确保排污权在二级市场上能够正常交易。

第四，作用效果不同。排污权一级市场的作用效果主要是通过核定污染物排污总量，进行排污权的有偿分配，以实现环境资源的价值，并刺激排污企业改进技术，减少排污量，确保环境质量目标的实现。在排污权有偿使用的过程中还拓宽了环保融资渠道，有利于进一步加大环保投入，推动环保基础设施建设。通过这种有偿、有限提供环境容量资源的方式，可以很好地实现控制污染、保护环境的目的。排污权二级市场主要是通过排污者之间的排污交易，实现环境资源的有效配置。二级市场通过市场的灵活调节，允许排污权在不同所有者之间流动，带动污染治理责任的重新分配，通过达到竞争均衡，实现所有排污边际治理成本的均化，从而带来污染控制效率的改进，这体现了市场配置资源和合理使用环境容量的原则。除了通过污染治理成本最小化实现效率改进以外，排污权二级市场还通过赋予市场主体以污染治理手段的自主决策权，调动多种手段参与污染治理，这种效果在命令型的环境政策体系下是无法达到的。

一、排污权交易的市场要素

排污权交易市场的表现形式是排污权交易法律关系，也就是排污权交易主体和相关的参加人在排污权交易过程中依照有关法律规范形成的以排污权利和义务为内容的社会关系。这种法律关系从根本上来讲是平等的民事主体依据排污权交易的法律法规自愿缔结合同实现双方的权利和义务的过程。

1. 排污权交易的主体

排污权交易的主体，即排污权交易合同的参加者，是排污权交易法律关系中权利的享受者和义务的承担者。排污权交易法律关系中主要有三类主体，即排污权交易的买卖双方、中介机构、生态环境主管部门，其中买卖双方是排污权交易法律关系的主要主体。在国外的排污权交易实践中，排污权交易的主体除了真正的排污者之外，还有非排污者，如投资者、环保主义者等。如在美国，排污权交易的主体还包括经纪人、企业等投资者和包括环保团体、个人在内的环保主义者。投资者通过低买高卖获得赢利，虽然他们人数不多，但对完善和活跃交易市场发挥着重要作用。环保主义者参与交易的目的主要是购入并注销排污指标以减少排污，有时政府也会以此为目的购入排污指标。

从理论和实践来看，我国排污权交易的主要主体是污染物排放企业。排污权交易市场主体范围的确定既应考虑减少成本、促进效率的要求，也要照顾到我国的现实国情。企业在其生产经营过程中需要使用一定环境容量排放污染物，只有符合国家法律规定的要求，依法取得特定排污权并且有富余排污权的企业才能成为出让者。根据我国现行排污许可制度的要求，在排污权的一级市场上，排污权的取得者只是实际排污的法人、其他组织和个体工商户，作为污染源的企事业组织是排污权交易的主要出卖方。排污者是环境容量资源的真实利用者，它们在生产经营过程中必须排放一定量的污染物，环境容量资源比如资金、技术、原材料是其进行生产经营的必要条件。排污者通过治理污染获得富余环境容量权就有了成为卖方的条件。在排放总量控制之下，那些用完自身"排污权"且不得不继续排污的企业，以及新建的排污者或者原来的排污者扩大生产经营，就有了成为买方的需要，排污者之间的交易也正是排污权交易制度设计的出发点。

对当地环境容量资源有需求的排污企业作为排污权交易的主体参与排污权交易市场是没有问题的，但市场区域内的所有排污者是否都应纳入市场，或者说对目标控制区域仅有微量污染的污染者是否应纳入市场，这是需要考虑的。美国在实行二氧化硫排污权交易时将参加的排污者分为两类：一类是法定的强制参加者，它们是重点排放企业；另一类是自愿参加者，法律没有强制要求。德国实行的碳排放权交易也只是针对排放量达到一定数额以上的设备。这主要是考虑到微量污染源数目众多且非常分散，将其纳入市场产生的监测与执行成本过高。从减少交易成本的角度来说，我国的排污权交易主体也应当限定于总量控制区内对污染贡献较大的重点排污企业。在此范围外的其他排污企业在具备完善的监测条件的前提下，也可以自愿加入交易市场。

对于非排污者能否进入交易市场应具体情况具体分析，非排污者是非出于生产经营目的而取得排污权的各种主体。从减少成本、促进效率的角度出发，排污权交易市场若要有效运行，就必须将尽可能多的主体纳入市场交易的范围内。因为交易的范围越大，潜在的交易机会越多，交易成本就越低，交易也就越活跃。出于这样一种考虑，美国是将环保部门、投资者以及政府等非排污者也纳入了交易主体的范围。对于环保组织，排污权交易制度使它们获得一个活动平台，可以提出更高的排放削减额度，借此筹码与工业企业谈判，从而得到该行业更多的自愿捐赠。这正体现了排污权交易的一个突出优点，即为公众参与环境保护提供更多的机会。

就我国的情况来看，本研究不赞同我国将环保团体纳入排污权交易市场的主体范围。首先，环保团体购买到排污权以后往往将其"冻结"后消灭，这固然有利于改善环境质量，但也会干扰国家实施渐进式的总量控制计划。对我国来说，总量控制指标的确定已经是进行过经济发展与环境保护的衡量，如果过快地缩减排污权的供应量，会严重限制企业的发展，国家经济的发展将会受到很大的影响。其次，我国的环保社团力量不够强大，而美国的环保社团十分强大，其资金雄厚、威信较高，同代表工业利益的行业团体在力量的对比上基本是均衡的。相比之下，我国目前的环保社团最早产生于 1994 年，目前还面临着资金紧张、影响力有限等诸多不足。如果允许环保团体参与排污权交易，其很难有充足的资金去与财大气粗的企业竞争购买富余排污指标，力不从心之下对市场的运行不会发生实质影响。另一方面，现在我国环保团体的活动经费来源已经多元化，一部分环保社团的活动经费来自国外或境外的捐助。这固然有利于环保团体开展各种环境宣传教育活动，但不能不考虑到，对于排污权交易这种主要是经济利益游戏的市场来说，境外资金的流入很可能带有多种目的和动机。因而在我国，环保团体不适宜作为排污权交易的主体参与排污权交易活动。

市场交易的前提是经济主体地位平等、意志自由，主体通过平等、自由的协商或讨价还价，共同决定他们之间的互利有偿、互相制约的关系。"市场经济从主体到行为，从协商到诉讼，都是以维护当事人的平等地位与权利为基础的……严格地讲，没有平等这个原则，市场经济就建立不了。这种平等既要求权利主体平等享有法律规定的权利和平等履行法律规定的义务（即主体法律平等）；还要求法律平等地保护不同主体的法权益(即诉讼平等),也就是说,谁的利益合法就保护谁的利益,主体之间没有身份的差距,也要求法律平等地对待和处理各类经济活动,平等地依法解决与处理各类纠纷。这种保障上的公平是市场经济对法律的基本要求,就是法律在市场发挥特殊功能的重要属性。"①在排污权交易中,交易双方所进行的交易行为是普通的商事行为,双方的主体地位是平等的,只有在平等的基础上才能产生减少排污量和买卖排污许可证的动力,才能真正有利于实现总量控制。只有平等主体的双方当事人以意思自治为基础,排污权市场交易体系才能真正有效地运作起来。从维护交易的平等性上来说,环保部门在排污权交易过程中不适合直接参与排污指标的买卖,不应当作为排污权交易中买卖行为的主体。但生态环境行政主管部门对买卖方主体资格的认定、对排污权交易合法有效地进行具有重要的意义,环境保护部门对双方排污行为的监测、监控和对交易的指导、监督于排污权交易而言有不可或缺的作用。

2. 排污权可交易污染物种类

排污权交易是针对特定污染物的排放而使用的环境容量使用权,确定排污权交易污染物种类,或者说排污权交易对象的范围,是排污权交易能够顺利实施的重要保证,交易对象的范围既取决于对象本身的物理、化学、生物等方面的特性,又受到一国市场条件、技术水平以及经济发展阶段等因素的影响。

排污权交易是在假设不同企业排放的单位污染物所造成的环境影响差异可忽略不计,或具有定量比例关系的情况下进行的,即环境污染仅与排入环境中的污染物数量有关,与污染源的分布状态无关。比较而言,排污权交易制度可适用于那些具有区域性污染特征,但与污染源分布状态不密切的一类环境污染问题,如酸雨、臭氧层破坏、温室气体排放等污染的控制。那些与污染源分布状态关系密切,具有强烈局部性特征的污染问题则不适用排污权交易制度。也就是说,对于排污权交易市场上的产品而言必须要具有同质性,这样才能保证交易的简化与效率,

①　沈宗灵主编:《法理学(第二版)》,高等教育出版社 2009 年版。

也能防止交易对环境质量造成破坏。排污权交易必须确保排污在时间和空间上的改变对环境是有益的或是中性的。

如果同等数量的同种污染物在不同空间和时间的排放对环境造成了不同的影响，那么为了保证环境质量的稳定，排污权交易就不能简单地按"一比一"等量交换。排污者之间应当按等贡献值的原则进行交易。等贡献值是指由排污权交易引起的、在不同地点所排放的污染物对控制点的贡献应当是等同的。这样可以保证排污权交易造成的排放源的时空变化不会使得环境恶化。例如，对气类物质中的污染物，可分为三类进行交易：第一类是均匀混合吸收性污染物，其对大气的污染水平与其排放的时间、地点关系不大，决定大气污染物环境浓度的是排放总量，与源的分布状态无关，因此这类污染物可以进行等量交易。目前，我国的排污权交易试点之所以大多以电厂排放的二氧化硫为交易对象，主要的原因就是电厂是高架源，排放的二氧化硫能导致远程的酸雨污染，是典型的均匀混合吸收性污染物造成的区域污染。同样，由于二氧化碳造成的"温室效应"是全球性的，所以在全球范围内对其开展减排交易就有了可能。第二类是非均匀混合吸收性污染物，如低架源排放的二氧化硫，其对环境质量的影响与污染源所在的位置密切相关，而各污染源的转换系数各异，因此这类污染物进行交易时必须考虑交易比例。这种交易比例又称为兑换率，即政府根据受控点环境容量的时空特性，以及不同污染物之间单位排放量的污染程度，制定一套交易的折算指标体系。根据污染物排放在空间位置和时间上的分布，不同污染物的折算指标体系表现为复杂的时空网络体系。第三类是均匀混合积累性污染物，其污染水平随时间而变化，一般难以进行排污权交易。根据上述理论，对于不同质的污染物而言，因为要确定每一次交易的兑换率，无疑增加了交易的不确定性。这种不确定性增加了交易双方的交易成本和行政管理部门的监督成本，动摇了排污者参与的积极性。在这个问题上，美国"酸雨计划"下的二氧化硫许可交易体系的做法是，以许可作为排污削减的共同尺度，排除了地域的差异，全国各地的许可都完全一样，以便于交易，保证交易市场的效率。同时规定污染源不论拥有多少许可，都必须遵守的基于环境质量的标准，以确保环境质量不因交易而受到损害。规定排污许可同质的做法虽然降低了交易本身的科学性，但对排污许可限制的减少增加了交易的范围，极大地保证了市场效率，加上相应标准和法规对环境质量的保障，实践证明是可行的。

目前，我国对于大气污染和水污染都建立了总量控制制度和许可证制度，排污权交易的试点也是针对这两者展开的。但基于上述分析，大气污染相较于水污染更适宜进行排污权交易。这是因为，首先，我国目前水污染是由工业、农业和居民生活用水三方面共同造成的。农业污染源和居民生活用水污染源对污染贡献很大，但由于它们中大多是移动污染源和面源，数量众多而分散，使得监测困难、费用过高。其次，水体由于受到流域季节、地理气候、植被、土壤等的影响，在不同时间和地点的环境容量并不一致，不同水体的个性要比共性多。不同排污者在水体的不同断面排放污染物会产生不同的污染后果。为了体现公平，这就要求对每一笔交易中双方的污染物排放进行精确测算和计量，因此交易成本大大提高，违背了排污权交易节约资金、追求高效的初衷。从国外的情况看，美国最初排污权交易仅限于污染气体的排放，后推至污水控制。到目前为止，欧美等一些发达国家仍主要应用排污权交易对大气污染和水污染进行控制，而水污染物排污交易的运用更是非常有限。据统计，到 1999 年 11 月为止，美国只进行了 16 宗有关水环境的排污交易，其中大部分是涉及富营养化物质磷和氮的交易。除美国以外，只有澳大利亚开展过水污染物排污交易。

考虑到我国现阶段的特点，在我国环境污染中，大气和水污染是最严重的，但受到交易成本和管理成本等问题的限制，我国应先实行二氧化硫排污权交易制度，再推广到氮氧化物排污权交易，最后实施水污染物的许可证交易。为了提高交易效率，降低成本，交易的排污许可应视为同质。此外，排污权交易原则上只能是在同一总量控制地区的同种污染物之间进行，不能在不同的污染物之间进行。因为不同种类的污染物对环境造成的损害是不同的，如果允许混合交易，就会使得排污者都致力于削减污染治理成本低的污染物，而污染治理成本高的污染物则过分富集，会对环境造成难以估量的危险。所以，环境行政管理部门颁发的许可证必须明确标明许可排放的污染物种类和浓度标准。当然，如果我们能发现不同种类污染物对环境造成损害的折算关系，那么交易对象也可以扩大到不同种类污染物之间。例如，美国芝加哥气候交易所的温室气体排放交易种类包括六种，但非二氧化碳温室气体的排放按照政府间气候变化委员会制定的全球变暖潜力价值都转换成二氧化碳当量。这就创造了以碳信用工具为市场，交易货币单位的交易方式，更有利于交易迅速大规模地开展。

3. 排污权交易区域范围

环境容量具有区域不等性的特点，由于地理位置、气候、地表形态的影响，不同区域的环境容量并不等同。在广袤的全球范围内，污染物的聚集和损害差别是非常显著的。环境在某种意义上来说是区域固有财产，比如，"大气是连续的，但存在被污染问题时，就应考虑到'空域'之类的问题。有着清洁的大气的高原和所有混合着污染物的沿海工业区，其'空域'有着明显的差别，大气的状况也不相同"。① 因此，对特定污染物实施总量控制的区域，必须结合自然环境的特点来设定，在此区域内环境质量应对污染物的排放具有同等"敏感性"，这也就是实行排污权交易的区域范围。由此可以看出，尽管排污权交易的实施区域越大就越有可能促使交易活跃并降低污染治理成本，但实际上排污权的交易是必须要有区域限制的。

在我国目前的环境监测水平下，实施总量控制的区域范围主要是以行政区划为基础，同时参考必要的地理条件划定的。交易的区域都是污染严重的特定地区，这些地区污染物的现有排放量明显超出了该地区的环境容量，环境容量资源的稀缺性体现得特别突出，因此有必要实行排污权交易制度解决经济发展与环境保护之间的冲突。具体包括：实行大气污染物排放总量控制的地区，即尚未达到规定的大气环境质量标准的区域、国务院批准划定的酸雨控制区和二氧化硫污染控制区；实施重点

---

① ［日］宫本宪一：《环境经济学》，朴玉译，生活·读书·新知三联书店2004年版。

污染物排放总量控制的水域，即国务院批准的由其生态环境主管部门会同国务院有关部门及有关省级人民政府编制的实施总量控制的重要江河流域、省级以上人民政府对实现水污染达标排放仍不能达到国家规定的水环境质量标准的水体，依法划定的总量控制区。我国的上述做法是把依自然区域形成的环境容量按行政区域进行了分割，并按照行政级别层层分解，而实际上自然区域和行政区域往往并不完全对应。这样做的后果就是排污权很难进行跨行政区的交易，排污权的交易区域被人为分割得更为狭小。由于同样的排污数量在不同区域对环境会造成不同程度的损害，而排污指标总量是按照特定实施区域的环境质量标准、污染物排放标准和环境容量确定的，所以，只有处于同一行政区域的企业之间才能买卖排污指标。如《太原市大气污染物排放总量控制管理办法》第20条第2款规定"转让和受转让的指标，原则上应当在同类环境质量功能区之内、同种污染物之间进行"。否则，就有可能出现某一实施区域内的企业从其他实施区域的企业购买排污指标，导致购入区域的排污数量超出该区域环境容量的情况。

为扩展排污权交易的区域范围，需要打破目前实行的这种以行政区域为基础的环境管理体制，在根据自然环境的特点设置的总量控制区域内，建立与其相对应的单独的环境保护机构，由这种机构统一规划和管理流域内或其他环境区域内的环境保护，处理排污许可和与排污权转让有关的事务，我们可以把它们称作环境区域管理机关。排污权可以在这种环境区域管理机关的管辖范围内自由交易。这种做法既符合环境具有的自然整体性特点，也容易消除地方保护主义对总量控制政策的干扰，明确了行政管理机关的责任。目前，我国在流域污染问题的解决中建立了由流域问题各方参加的流域管理机构，这样做是可行的，因为流域有相对清晰的地理边界。为此，现行的总量控制管理方式就必须改变，将排污指标直接分配到污染源，不纳入地方环境行政管理体系，排污权的再分配原则上应由市场作用完成，尽量减少行政性的协调工作。[①] 美国

[①]　吴健：《排污权交易——环境容量管理制度创新》，中国人民大学出版社2005年版。

为排污权交易设置的区域也是充分考虑到了环境容量的地理差异性，建立了不同的管理体系。由于受地理环境和污染源位置影响不大的均匀混合吸收性污染物排放会对环境造成全局性影响，所以就建立了全国性的许可证交易系统；由于受地理环境和污染源位置影响较大的非均匀混合吸收性污染物排放只会对环境造成局部性影响，所以就建立了地区性的许可证交易系统。这也正是目前美国主要在全国范围内开展二氧化硫的排污权交易以解决酸雨问题的原因。①

二、排污权交易的外部条件

虽然在排污权交易中市场应当发挥基础作用，但排污权具有特殊性，政府所具有的环境保护职能使得排污权交易不可避免地具有与传统买卖关系不同的公权属性。作为公共物品的分配者，政府在排污权交易过程中发挥着重要的作用。离开了政府的推动和制度上的设计以及相关政策支持和政府对排污行为的日常监管，排污权交易制度就会很容易出现市场失灵的状况。这种情况不仅不利于环境保护，还有可能使排污权交易制度陷入困境。

对于政府监督的必要性，不仅法律学者，就是为排污权交易提供了

---

① 例如，区域性的酸雨被认为是污染物在较大范围内混合后的结果，酸雨先导物排放的环境影响对排放的空间分布不敏感，在一定的排放量内类似于"均匀混合吸收性污染物"，因此，二氧化硫许可交易计划忽略了对交易地域的限制，从而可以更充分地利用交易政策的效率特性。但造成局部污染的二氧化硫表现出典型的非均匀混合的特性，排放的地理位置对环境后果有较大的影响，因此政策设计中必须考虑如何避免交易可能带来的不利后果，对交易的限制也更多。均匀混合吸收性污染物具有吸收性和均匀混合性。均匀吸收性污染物，在一定排放量内，相对其排放速率而言，自然环境对它们的吸收能力足够大，以至于不随时间而积累；均匀混合性污染物在一定空间内可以均匀混合，决定环境浓度的是排放总量，而与污染源的分布状态无关。均匀混合吸收性污染物的典型例子是二氧化硫和臭氧层消耗物质，这些污染物对环境的影响只与排放量有关，无须考虑排放的积累影响和排放的具体位置，是最适合排污权交易的理想物质，因为排污权交易变得非常简单，交易管理的成本也很低。参见吴健：《排污权交易——环境容量管理制度创新》，中国人民大学出版社 2005 年版。

理论基础的产权理论经济学家也持相似观点。诺斯在阐述产权关系时指出，由于国家根据主权原则享有公共政策安排的强制力，因此国家介入产权分配与调整过程有利于降低产权界定和转让交易的成本。"由于投入与产出的考核成本将在一定程度上决定不同经济部门的不同产权结构，因而产权结构的优化依赖于考核技术的水平，而国家介入有利于降低交易成本。因此，当我们强调市场在环境资源优化配置过程中的作用时，我们同样强调国家行为对环境资源产权结构优化的重要影响力。"①

为防范排污权交易导致的污染物集中效应，我们可以采取以下具体措施：首先，谨慎选择可以交易的污染物种类。对于高度危险物质(如砷等)的排放原则上不进行排污权交易，避免发生生态灾难。其次，限制排污权交易范围，根据地理和气候特点将排污权交易限定在特定区域内，禁止污染源向重点保护的地区或生态环境已经极为脆弱的地区转移。再次，在排污权交易过程中，政府要同时执行严格的环境浓度质量标准，跟踪监测各地区的环境质量，及时向公众发布环境信息情报。确保在交易地区及附近地区范围内环境污染度都能处于一个公众可以接受的程度上，不至于对健康产生威胁。当地区环境标准制度得到有效落实以后，排污权的大范围交易也就不会产生某个别区域污染物排放过量的情形。最后，充分利用现有环境管理法律制度，如环境影响评价制度，防范排污权交易可能对地区环境产生的负面影响。②

总之，国家需对交易活动建立严密的监管制度，以收集、掌握交易信息，追踪排污指标的去向和监督交易行为。这是排污权交易市场得以运作的基本保障。通过法律确立的监管秩序和政府行政管理部门实施有效监督，是保护自由、公平的交易和总量控制目标实现的必然手段，也是实现环境效益与经济效益相统一的重要保障。

---

① ［英］彼得·斯坦、约翰·香德：《西方社会的法律价值》，王献平译，中国法制出版社 2004 年版。

② 参见王小龙：《排污权交易研究——一个环境法学的视角》，法律出版社 2008 年版。

1. 数据监测与信息公开

由于排污权交易不同于实物交易，交易对象是无形的，因而准确的环境状况和污染排放数据是排污权交易的基础。政府应当建立排污权交易系统——以账户的形式记录单位或个人持有的排污指标数量，根据监测情况记录排污指标的使用数量、排污指标的买卖情况和余额。这样才能使无形的指标买卖以有形的形式进行，正像资金在账户中转移一样，方便企业进行交易和政府监管。① 数据监测的有效性会直接决定排污权交易能否顺利开展，如果没有真实可信的监测数据，那么交易将会完全停滞。如2004年3月，原河南省环保局对外宣布，河南省开始进行二氧化硫排污权交易和二氧化硫排放许可证制度试点，然而到2007年，河南试点竟然没有一起排污权交易发生，原因在于河南排污权交易根本没有实现的条件。比如对企业的排放并没有一个精确的检测方法，根本无法记录企业的二氧化硫排放情况，也不能保证排污交易中计量的准确性。②

从理论上讲，某一时刻污染物排放量是废气或废水的流量及其污染物浓度与时间的函数，而污染物排放总量则是废气或废水的流量及其污染物浓度的乘积在一段时间内的积分。因此，要对废气或废水的流量及其污染物浓度实行连续监测，③ 这就要求生态环境行政主管部门准确地连续监测数据，包括对出售者减排情况的监测和对购买者排放的监测。现有的技术手段已经能够实现通过建立在线实时监控系统来对所排放污染物进行连续的实时监测。在线实时监控系统能够同步收集和确认排放数据并进行记录，对排污权交易后的数据也能及时地进行跟踪。这不仅方便对排污者的污染物实际排放量进行检查，防止出现超标排污，保护环境，也有利于保障排污权交易的公平和公正。在日常管理中，生态环

---

① 胡丹樱、詹海平：《我国排污权交易制度探析》，载《甘肃政法成人教育学院学报》2005年第2期。

② 参见王海、曹勇、陈玉平：《排污权交易缺乏法律制度保障》，载《市场报》2007年12月28日。

③ 杨展里：《中国排污权交易的可行性研究》，载《环境保护》2001年第4期。

境主管部门借助监测系统获得的排放数据对企业的污染物排放情况与拥有的许可证数量进行比较，若许可证有剩余，则将剩余许可证转入次年许可证账户或进入排污权交易市场。若许可证数量不够，则按照环保法律法规进行处罚，并责令企业停产或限产减污。在排污权交易中，如果排污单位提出了排污权出售申请，政府就要通过对其排污源的技术监测核实该单位削减额外污染物的能力，在确认后才能批准出售申请。在交易完成后，政府还要通过污染源在线监测系统及时获得有关数据，经过汇总和分析，监督买卖双方的污染物排放量不超过其售后余量和购入量，以保证交易双方能够诚实地履行交易合同。

我国目前的监测系统是排污企业自己投资建设的，日常的监测活动也由企业自己负责，并且企业的监测数据连同生态环境主管部门的抽检数据一起构成环境保护执法的依据。为了防止排污者在监测数据上弄虚作假，我国的法律法规不仅要求各排出削减对象的设施的所有者或经营者必须设置连续排出监控系统，保证记录资料的质量，遵守有关记录与报告方面的义务，还进一步要求获得许可排污者必须定期向许可机关报告，确保排污设施按照许可要求正常运转。随时报告有关设备与授权机关的要求不相符合的情况。排污者的报告也应该同时向社会公开，接受社会公众的监督，对虚假报告者必须追究法律责任。① 2014 年国务院办公厅下发的《关于进一步推进排污权有偿使用和交易试点工作的指导意见》规定："排污单位应当准确计量污染物排放量，主动向当地环境保护部门报告。重点排污单位应安装污染源自动监测装置，与当地环境保护部门联网，并确保装置稳定运行、数据真实有效。试点地区要强化对排污单位的监督性监测，加大执法监管力度，对于超排污权排放或在交易中弄虚作假的排污单位，要依法严肃处理，并予以曝光。"

在排污权交易市场发展的初期，政府生态环境主管部门应当承担起信息发布者的主要职责。因为政府利用其管理者的地位优势掌握技术、

---

① 　王小龙：《排污权交易研究——一个环境法学的视角》，法律出版社 2008年版。

资金、需求等各方面的信息资源。政府一方面可以借助专业信息公布平台向潜在的交易者定期提供排污权交易的信息，另一方面也可以借助大众传媒随时向社会公众发布排污报表等必须被公众了解并接受公众监督的信息。政府公布的信息应当全面、及时，公众获取信息也应该是免费的。当排污权交易发展壮大以后，政府就应该协助组建中介组织承担信息发布的职能，政府逐步退出交易过程有利于防止政府对交易进行不当的行政干预。中介组织的作用将不仅限于提供市场交易信息，还可以进行交易的经纪，为排污企业代理排污指标调整、排污许可证换发等，随着排污权市场的逐步发展，中介机构的业务范围还应扩大到办理排污权的储存、借贷等。

总之，在不完全竞争市场、信息不对称和政府职能强大的国情下，完善的信息公示制度可以提高市场透明度，降低交易费用，保障公民的知情权，使环保工作接受社会监督，提高公民的环保意识。

2. 交易审核与监管

企业间的排污交易活动必须经过生态环境主管部门的审核与登记，这需要政府建立一个专门的平台来负责管理排污企业间的交易活动。对企业间排污交易活动的监管主要体现在以下几个方面：

建立主体资格审查制度。排污许可证对于排污者是有一定要求的，对于在排污权交易二级市场上购买排污权的排污者，需要按照排污许可证的要求进行排污活动，故排污者的排污技术和设备需达到法定要求，对不能达到该要求的新排放源，则没有购买资格，其排放权交易行为和结果则应确定为无效。生态环境主管部门要对交易双方主体资格进行认定，加大对出售指标者的环境监测和监督，只有符合条件者才能进行交易从而获得排放权，防止不符合排污许可条件的排污者通过购买排污权获取排污资格导致环境污染的加剧。除了企业因为缩减生产规模而闲置的排污指标外，因技术改造而节余的排污指标也应符合一定的出售要求。

建立相应的报告制度。为保证总量控制计划的实施，每个计划年度，所有的排污指标持有者都应提交一份年度报告，详细、准确地报告其排污指标的变化情况。如哪些指标已用于填补排污数额，哪些指标已用于交易，哪些指标储存起来留待将来之用，哪些指标是新增的。①

3. 公众参与与监督

现代社会中政府是重要的但并非唯一的公权力主体，除了市场和政府作用外，公众参与也在市场机制的健康运行中发挥着越来越重要的作用，公众参与在环境保护实践中引起了学术界的广泛探讨。一般认为，政府是代表公众实现公共利益的主体，以公共性作为基础。但是政府不是一个完美的机器，政府也存在着失灵。为了减少市场失灵和政府失灵的危害，政府应当鼓励公众参与排污权交易的监督，通过社会的协同作用，实现公共利益最大化。从传统上看，政府自然可以代表公众实现环境保护的公共利益，但由于政府是多重公共利益的代表。公众参与能够使共同意志输入决策过程，避免政府在信息不完全的情况下作出片面决策，提高政府的决策效率。它也能形成有效的制衡，促进环境公平，体现民主。

召开听证会应当是公众参与的主要方式，尤其是环境影响特别重大或者公众争议很大的排污权交易项目，应当采用严格的听证会方式。排污权在污染企业之间进行买卖，特别是不同区域的污染企业之间进行买卖，损害了排污指标购买方所在地居民的环境利益。因此，在进行排污权交易的制度设计时，可以规定听证程序，尤其是要举行听证会听取排污指标购买方所在地居民的意见和建议，他们应能参与决策过程。听证会也就是听取意见会，听取意见有多种方式，但听证会能够从程序上保证公正，听取多方面的意见，不偏袒某一方。在听证会上，申请人提出意见后，由各方代表，也就是利益相关人，对是否同意申请人的意见进行论证，以使决策者科学、合理地作出决定。公众听证会是最有效的公众参与方式，它充分体现了公开、民主、透明。公众对影响自己利益的公共事务，应当有知情权、参与权、监督权。扩大"公众参与"的范围，

---

① 朱家贤：《排放权交易中的政府监管》，载《经济研究参考》2010 年第 24 期。

提高"公众参与"的水平，使环境信息透明化，环境决策民主化，保障公众的环境权益，是一个渐进的持续发展的过程，需要政府、非政府组织和关心环境的个人共同努力。

当然，公众参与也有其缺陷，公众团体同样具有利己倾向和专注于眼前利益和地区利益的局限性，也需要政府通过制定法律程序对其加以制约。公共利益没有最佳的守护者，只有协调好各方主体的力量才能最终保障其实现。知情权是保障公众参与能够顺利进行的前提条件。因此，要想使公众参与原则深入人心，真正起到监督作用，就必须对公众加强宣传，公开交易信息，培养其环境意识。对于公众而言，最初参与政策过程的人需要耗费大量的时间和精力，如果参与的预期成本超过其预期收益，参与者就会不参与或退出参与。

第五章　排污权交易的实践考察

　　排污权交易制度最早起源于美国。早在 20 世纪 60 年代，美国学者就提出了排污权交易理论。20 世纪 80 年代初期，经美国环保部门统计得出美国频繁产生酸雨的罪魁祸首是工厂排放的大量已经超过空气承载能力的二氧化硫。经过分析，如若没有行之有效的应对方案，美国将因为酸雨而蒙受巨大的经济损失。而形成酸雨的二氧化硫主要来源于美国各地的火力发电厂，其排放二氧化硫的总量大概达到二氧化硫排放总量的七成，其中一些技术落后的火力发电厂二氧化硫的排放量更大。1990 年美国国会通过的《清洁空气法》修正案，率先提出了针对减少二氧化硫排放量的"酸雨计划"。该计划的目标是在 1980 年的基础上，每年减排二氧化硫 100 万吨。该法案提出后，政府部门将重点放在减排二氧化硫的技术方面，采用升级企业设备、降低燃料中的硫化物以及设计过滤二氧化硫的方法。这些方法实行了一段时间后便出现了各种问题。问题的核心在于，技术方面的成本较高，而这些成本又没有计入企业的生产中，如此便造成了投入研究的费用的无归属问题。于是政府部门又重新改良初始计划，将技术在不同企业间重新配置，以实现技术共享的目的，这样也就将二氧化硫的排放权在不同的排污企业之间重新进行了配置。最终的结果就是在控制总量的基础上，各企业间相互转让、赠与排污权，形成了排污权交易的市场雏形。经过不断的实践改进，美国的排污权交易制度成为西方发达国家中推行排污权交易制度的先驱和表率。

　　我国的经济在改革开放以后得到快速的发展，但环境治理承受着巨大的压力，工业化和城市化带来污染物排放量增多，环境状况持续恶化，节能减排一度成为当务之急。作为一种低成本高效率的污染控制模式，排污权交易作为一种创新政策手段在我国得以引入。20世纪90年代，原国家环保局开始排污权交易试点工作。1991年在包头、开远、柳州、太原、平顶山和贵阳6个城市进行大气排污交易政策实施试点。2002年3月1日，原国家环保总局决定在部分省市开始二氧化硫排放总量控制及排污权交易政策试点工作。2002年5月，原国家环保总局发布的《关于二氧化硫排放总量控制及排污权交易政策实施示范工作安排的通知》和同年9月19日经国务院批准实施的《两控区酸雨和二氧化硫污染防治"十五"计划》明确提出在我国试行二氧化硫排污权交易制度。在这个时间段内，原国家环保总局还与美国环保协会合作，选取我国经济最发达和市场发育较成熟的上海市与江苏省、二氧化硫排放量最高的山东省、中原工业大省和人口最多的河南省、重工业和能源基地山西省、工业大城市天津市以及二氧化硫和酸雨污染的典型城市广西柳州市等7省市开展"二氧化硫排放总量控制及排污权交易政策实施的示范工作"。随后，最早建立股份制的电力集团公司中国华能集团也被纳入试点范围，涉及两控区18.56%的二氧化硫排放量、131个城市（包括县级市）、727个企业的试点工作得以展开，时称"4+3+1"试点工作。[1]到2011年，江苏、浙江、天津、湖北、湖南、山西、内蒙古、重庆、陕西、河北10个省（自治区、直辖市）已被列为国家排污交易试点省份。

2014年8月6日，国务院办公厅以国办发〔2014〕38号印发《关于进一步推进排污权有偿使用和交易试点工作的指导意见》。该《指导意见》指出，建立排污权有偿使用和交易制度是我国环境资源领域一项重大的、基础性的机制创新和制度改革，是生态文明制度建设的重要内容，将对更好地发挥污染物总量控制制度作用，在全社会树立环境资源有价的理念，促进经济社会持续健康发展产生积极影响。并提出，到2017年，试点地区排污权有偿使用和交易制度基本建立，试点工作基

---

[1] 张安华：《排污权交易的可持续发展潜力分析——以中国电力工业 SO_2 排污权交易为例》，经济科学出版社2005年版。

本完成。"建立排污权有偿使用制度"是《指导意见》中的一大亮点，按照"环境容量是稀缺资源，环境资源占用有价"的理念，排污单位在缴纳使用费后获得排污权，或通过交易才能获得排污权，从而建立排污权有偿使用制度。该意见虽没有法律上的约束力，但可以促进地方深化试点探索的政策文件，引导和推动试点工作。各地排污权交易试点工作积极展开，制度建设稳步推进。

了解排污权交易制度在美国的发展过程，以及中国开展排污权交易的实践状况，对于更好地理解排污权交易制度的基本原理，以及解决在具体实践中遇到的问题，更好地推进制度建设，具有重要的意义。

第一节　美国排污权交易实践进展

美国是全球范围内排污权交易机制的积极倡导者，其通过排污权交易机制来应对诸如酸雨和区域环境质量之类的环境问题。总的说来，美国的实践探索大致经历了以排污削减信用实施为重点的第一代排污权交易、以目标总量控制型排污权交易实施为重点的第二代排污权交易和以规范化交易机制构建与实施为重点的第三代排污权交易三个阶段。系统梳理考察美国排污权交易机制的历史发展有助于我们更加清晰地认识和了解排污权交易机制及其制度优势，从中也可以看到对中国排污权交易制度发展的启示。

一、美国排污权交易机制的发展历程①

1. 第一代排污权交易

20 世纪 70 年代，美国环保局开始尝试将排污权交易用于大气污染源管理，旨在为传统环境管理的命令式直接控制机制提供更多的灵活性，但其并非完全意义上的市场机制。当时主要交易的是"排污削减信

---

① 本部分内容主要参见黄文君、田莎莎、王慧：《美国的排污权交易：从第一代到第三代的考察》，载《环境经济》2013 年 7 月总第 115 期。

用"（Emission Reduction Credit，ERCs），具体是指当污染源的实际排放水平低于许可的基准水平所产生的永久性排污削减，经排污行为人申请并获管理部门审批后，该排污削减信用可用于市场交易。这一排污削减信用必须具备真实性、永久性、可量化性、可执行性和剩余性等特征。第一代排污权交易机制主要包括危险"泡泡"（risk bubbles）、"网状"计划（netting）、补偿交易计划（offset trading program）、"储蓄"（banking）条款和汽油中铅添加剂交易计划（lead trading program，亦称分阶段减少铅计划）。

（1）危险"泡泡"

最早的危险"泡泡"概念是美国环保局在 1975 年 12 月颁布的《新固定源执行标准》（Standards of Performance for New Stationary Sources）中提出来的，然后在 1977 年的《清洁空气法》修正案中获得法律认可。1979年，美国环保局公布了一项"州执行计划中推荐使用的排污削减替代政策"，即通常所称的危险"泡泡"政策。"泡泡"政策适用于有多种排污源的工厂。该政策因其对多种排放物的治理犹如将它们包围在一个想象的气泡中而得名。这项政策规定，一个工厂如果有多个排放口，那么只要工厂的总污染量不超过环境标准，就允许各个排放口的污染量进行彼此之间的调剂。这是将整个工厂置于一个假想的"泡泡"之下，《清洁空气法》只对"大泡泡"进行总量控制，不考虑其中每个排放口的具体排污量。工厂获得了内部自我调整的权利后，就可以根据各个排放口治理成本的高低进行比较分析，借此以最少的费用来实现最优化的治理效果。

鉴于"泡泡"政策取得的巨大成功，美国环保局在 1986 年将其范围扩展，增大了"泡泡"政策的适用范围。首先，将其用到同一公司所属的不同工厂之间。其次，再将"泡泡"扩大到了同一个地区，这时不同所有者的公司和企业都处于同一个"泡泡"之下，就有了在彼此之间进行排污权有偿交易的需要，环境治理的效益也就更显著了。

"泡泡"政策以某一特定区域为单位来对其环境状况予以考虑，依此政策，在具体操作层面，属于一个"泡泡"内的排污行为人可以通过购买其他排污权人的排污权来替代实现自己的环境治理责任。在一个"泡泡"内的多个排污行为人，可以在保持动态排污量恒定或总排污量渐次减少的情势下，通过加大力度治理低成本污染源的方式来替代对高成本污染源的治理。

从环境影响的角度来看，"泡泡"是中性的。"泡泡"可以包括同一个公司所属的多个厂区，也可以包括不同公司所属的多个厂区。"泡泡"政策的实行，使得排污企业可以以尽可能低的成本达到符合污染控制的总体要求，因此备受工业界的欢迎。可以说，该项政策是现代排放权交易的雏形，为随后排污权交易的发展提供了宝贵的实际经验。

（2）"网状"计划

"网状"计划便是通常所谓的容量结余政策，它启用于1980年。美国从1980年开始在防止明显恶化（prevention of significant deterioration，PSD）地区和未达标地区制定各项容量结余计划规则，随后又于1981年将该计划扩大到达标地区。这一政策允许进行改建或扩建的排污企业在企业内总排污量没有增加的前提下，免于承担通常所采用的较严格的污染治理责任，即只要排污行为人及其所属分支机构的排污净增量并无明显增加，则允许其在进行改、扩建时免于承担满足新污染源审查要求的举证和行政负担。它确认排污行为人可用其持有的"排放减少信用"抵消改、扩建部分预增的排污量。但在实际排污量超过"排放减少信用"及预增量时，则该改、扩建项目就要重新受到审查。

传统做法是，通过计算改建或扩建后排放物的预期增量来确定一个排污企业是否要进行新污染源的检查程序，如果增量超过了预定的基准，排污企业就必须接受一系列的严格检查。容量结余政策在衡量一个排污企业是否超出了基准时，允许该企业利用其他方面得到的排放减少信用来抵消因改建、扩建带来的污染物增量，从而免除或减少了改建、扩建企业的污染源承担满足新污染源要求的相应负担。

容量结余政策是排污权交易政策中应用最广的一项，有资料估计容量结余政策已在5000~12000个污染源中得到应用。然而，数量众多的容量结余交易活动也可能会引发一定的不利影响。由容量结余计划获得的污染控制成本的总节约量是难以估算的，因为无法获得准确的交易数量，而且个人交易的成本节约量可能是大幅度变化的。成本节约可以来源于三条渠道：第一，容量结余可以使企业避免被归于一个主要污染源，那将要使企业受到更严格的排放限制，据统计，容量结余政策在每次应用中一般会节约10万~100万美元(总节约量可达5亿~120亿美元)。第二，因不必经历主要污染源排污权的申请过程而节约的总成本可达2500万~3亿美元。第三，由于避免了因申请排污权过程而引起的工程建设延期，还可以产生其他方面的节约。

总的来说，该政策在实行的方式和效果上虽与补偿政策类似，在范围上与"泡泡"政策雷同，但其着眼点在于减少行政审批程序对经济活动的过多干预和阻滞，因此其意义更多地体现在行政效率的提升与公法秩序的维护上。

(3)补偿交易计划

为适应新污染源和现有污染源的扩建问题，1976年12月，美国环保局颁布《排污补偿解释规则》，创立补偿交易政策，即如果新污染源安装了污染控制设备，达到了最低可达到排放率(Lowest Achievable Emission Rate，LAER)标准，并通过对该地区其他污染源的超额削减(比该污染源规定削减更多的削减)来补偿新污染源排放的增加，就允许其发展。补偿交易政策强制性适用，并且它只适用于新的污染源。

通过该政策，经济发展得到了满足，同时又保证了空气环境质量的达标。该政策在1977年的《清洁空气法》修正案中获得了法律认可。在10000多宗补偿交易中，90%以上发生在加利福尼亚州。从美国全国范围来看，大约10%的补偿交易发生在公司内部，其余发生在同一公司所属的污染源之间。而且，大多数补偿减排信用是由于设施的关闭或部分关闭而产生的。该项政策确立的初衷主要有两点：其一，它的确立是为了解决环境未达标地区的经济发展与逐步满足环境关切之间的矛盾。因为要想可持续地发展，就必须允许新排污行为人的出现，而新排污人出现后在促进经济发展的同时，必定会增加该地区的环境负担。其二，它的推行后果是使新排污行为人在开始运营的同时，为现有的环境减负行为提供较为充足的资金，最终保证该地区的环境负担逐渐减轻。这项政策有效地解决了未达标地区如何能在改善空气环境的同时继续实现经济增长的难题，使经济增长与改善空气质量之间的矛盾得到了统一。

（4）"储蓄"条款

储蓄条款规定，企业自己减少的排污量可以不用来出售，而是将其节余存放在指定的"银行"以备日后自己使用或者再出售给其他合适的排污者。排污银行计划实际上是一项排污量交易政策，它使排污企业能够在法律的保护下将节余的排放减少量作为排放减少"存款"存入银行，以备将来使用或在适当时候出售获益。

储蓄政策一方面为企业以后的扩大生产留足了空间，另一方面也是考虑到在某些企业有富余排污指标时未必同时在市场上有合适的购买者。如果没有排污权的存储制度，就会严重打击企业治理污染的积极性，致使其没有动力去提高技术不断地推动污染治理的效果。储存政策会鼓励有条件或有能力使用清洁工艺和清洁技术的排污企业及时进行设备更新，而且为新建、扩建企业提供最低成本进入渠道，有效促进了基于环保效果下的经济发展。倘若没有储存或存入银行的排放减少信用的供应，则会鼓励污染源继续运行污染严重的设备，直到他们需要内部使用的信用。没有自己内部污染源的排污减排信用的新建、扩建企业，则需要花费很长时间去寻找愿意生产并提供信用的其他企业。

美国《清洁空气法》规定排污行为人可以将其在指定年份（或其他时间段）被分配或确认的没有用完的排污权（排污减少信用）储存起来，以备将来使用。各州有权制定本州的银行储蓄计划和规划，包括"排放减少信用"所有者资格、所有权；"排放减少信用"管理、发放、持有、使用条件等内容均应明示。储蓄政策实际上是从法律上承认排污行为人对"排放减少信用"所享有的所有权，这既有利于激励排污行为人采用新技术、新工艺，又促进了经济效益、环境效益的平衡增长。可以说，这种制度将使企业实现双赢。虽然美国环保局批准了几宗排污减排信用银行储存，但仍有对其使用加以限制的条款，大多是由于存入银行的排污减少信用的不确定性所致。美国环保局授权了不少于 24 家银行受理排污减排信用申请事宜，某些银行规定排污减排信用只有 5 年的有效期。这些银行大多提供登记服务以帮助排污减排信用购买者联系到潜在的销售者。

（5）汽油中铅添加剂交易机制

在补偿政策的启示下，美国政府开始利用许可证交易来促进汽油中铅的淘汰。20 世纪 80 年代初，美国确立了在规定日期前将汽油含铅量削减到原有水平 10% 的目标。1982 年，美国环保局给各炼油厂发放了一定量的"铅权"，允许企业在淘汰期之前的过渡期内使用一定数量的铅。企业如果提前完成淘汰任务，就可以将自己富余的"铅权"出售给其他的炼油厂。

在这种政策激励下，炼油厂会尽快削减铅含量，因为提前削减可以省出"铅权"来出售。另外一些企业买到"铅权"后就可以用来达到淘汰限期的要求，甚至在设备出故障时，也可以用买到的"铅权"达标。而不需要像以往一样，花费大量精力为淘汰期限是否合理而争执。为了促进从旧管理要求向新管理要求的转变，美国政府还于 1985 年建立了"铅银行"制度，直到 1987 年 12 月 31 日铅淘汰计划完成才终止。

铅淘汰计划在实现环境目标方面无疑是成功的，交易行为十分活跃，表明了该计划以最低的成本实现了最大的效益。企业间交易的次数远远高于早期排污权交易次数，1985 年全美超过半数的炼油厂参与了交易。该计划的成功得益于几个特点：第一，由于企业之间有交易的灵活性，所以提前完成了淘汰计划；而在传统模式下，由于没有提前淘汰的激励，企业总是等到不得不淘汰的时候才会执行淘汰任务，结果只能导致更多的铅排放。第二，是淘汰一种污染物，而不是限定年度使用量的上限。

2. 第二代排污权交易市场

与第一代排污权交易市场相比，第二代排污权交易市场更多地体现了市场性。美国第二代排污权交易市场主要包括 1990 年《清洁空气法》所创设的"酸雨计划"、南加州为了控制 SO_X 和 NO_X 所创设的区域清洁空气激励市场（Regional Clean Air Incentives Market，RECLAIM）以及东

北 NO_x 预算交易计划(Northeast NO_x Budget Trading Program),其中影响最大也最为成功的交易计划当属 1990 年《清洁空气法》修正案规定的"酸雨计划"。"酸雨计划"几乎是其他类似项目的先行者,它取得了排污权方面最主要的经验。可以说,"酸雨计划"是环境规制领域最伟大的政策实验。

(1)1990 年《清洁空气法》实施的"酸雨计划"

"酸雨计划"是 1990 年美国国会通过的《清洁空气法》修正案第 4 条规定的,是涵盖美国全国的 SO_2 排放交易计划。它要求电力行业在 1980 年的水平上削减 1000 万吨造成酸雨的物质的排放量。"酸雨计划"要求达到的 3 个主要目标是:通过削减 SO_2 和 NO_x 的排放达到显著的环境效益;推进排污交易,用最少的费用达到最大的经济效益,同时允许经济的快速增长;促进污染预防及节能技术的发展。具体目标是,到 2010 年 SO_2 年排放量在 1980 年的基础上削减 1000 万吨;到 2000 年将 NO_x 排放量削减 200 万吨,燃煤电厂的锅炉要安装低 NO_x 排放装置,并且要遵守新的排放标准。

"酸雨计划"分两个阶段实施:第一阶段从 1995 年 1 月到 1999 年 12 月,主要管理美国东部和中西部 21 个州 110 个电厂的 263 座燃煤装置,后来又有 182 座装置加入,要求比 1980 年减少 350 万吨 SO_2 排放量;第二阶段从 2000 年 1 月到 2010 年,限制对象扩大到 2000 多家,包括规模 2.5 万千瓦以上的所有电厂。该计划中,排污许可的总量是有限的,并将逐渐削减,以达到 1000 万吨的削减量。排污许可被分配给规定参加交易的电厂,完全可以自由交易,排污单位也可以自由选择达到排放上限的办法,包括通过购买许可证来满足要求,或通过自行减排达到要求。过量减排形成的多余许可既可以出售,也可以存储以备将来之用。

美国 SO_2 排放总量目标决定了每年分配给电厂的排放许可的数量,要在规定年度内合法地排放 SO_2,所有在规定范围内的排放单位必须要持有足够的有效的许可来满足其排放。计划还要求每一个受影响的排放单位在每座排放烟囱上安装连续排放监测系统(CEMS)来监测实际的 SO_2 排放,并向环保局报告。年末,每个排放单位必须在环保局管理的账户上保有足够的许可，以抵消连续监测系统记录的实际排放量，否则，要被处以每超过 1 吨便交纳 2000 美元的罚款。

该计划的交易规则主要有四个特征：第一，参与企业可以在与当地技术标准一致的情况下进行自由交易。第二，参与企业储存或储蓄 SO_2 排放许可以备其在 2000 年后出售或使用，当然储蓄最终可能导致其限额上下波动。第三，"酸雨计划"允许使用倒闭工厂的削减信用。第四，交易以 1∶1 的比率发生在新旧污染源之间。

"酸雨计划"中市场交易较为活跃，已经形成较为完善的 SO_2 排污权交易市场。随着 SO_2 交易体系的逐渐实施，市场交易日益活跃，许可证的交易量、交易次数日益增加。1994 年的交易次数为 215 起，1997 年迅速增长到 1430 起，1998 年排污交易市场继续保持强劲，在许可跟踪系统（ATS）中，有 1548 宗交易完成了 1350 万份许可的交易。

SO_2 交易计划取得了较大的成功，尤其是第一阶段，SO_2 排放量下降的速度超过了预期。自"酸雨计划"实施以来，SO_2 排放总体呈现不断下降的趋势，减排效果较为明显。2007 年，受限制污染源的 SO_2 排放总量首次低于"酸雨计划"的目标总量，比 2010 年的官方期限提前 3 年完成，并在此后呈现继续下降的趋势。环境质量也得到了较大的改善，1995 年美国东部酸雨出现的次数减少了 10%~25%，2003 年湖泊和溪流的酸雨污染情况有所恢复。

（2）区域清洁空气激励市场

RECLAIM 项目是加州洛杉矶都市区为了实现地表臭氧浓度达标而实施的。它是由"南海岸空气质量管理区"（South Coast Air Quality Management District，SCAQMD，负责整个大洛杉矶地区的空气质量管理）建立的"加州区域清洁空气激励市场"，是以控制 NO_X 排放为重点目标的交易项目。该项目的参与企业包括大约 390 家电厂和使用大型锅炉的工厂。

该项目于 1994—2003 年实施，参与企业必须在此期间按年均 8% 的削减率减少 NO_X 排放（基年由企业在 1989—1992 年任选一年确定）。为了减轻企业的负担和保证减排目标的可达性，该项目允许企业之间开展排放配额交易，1 个排放配额代表排放 1 磅 NO_X 的权利。管理机关对企业的排放配额实行年度结算，届时企业拥有的配额(含初始分配的配额和净买入的配额)不得低于与实际排放对应的配额需要，否则将面临严厉处罚。

RECLAIM 计划属于总量控制型的排污权交易体系，但与"酸雨计划"下的 SO_2 许可交易不同的是：首先，它是一个区域计划，目标是在洛杉矶大气区域(指共享同一空气来源的地区)将臭氧先导物质(NO_X 和颗粒物)削减 70%，以达到地面空气质量标准。其次，所控制的污染物主要是对地面臭氧有贡献的，其排放时间和空间的变化极易导致地面空气浓度超标，所以 RECLAIM 体系很大程度上是围绕如何解决交易产生不利环境影响(比如集中排放)等问题而设计的，如制定了分区交易(zonal permits)的规则。再者，RECLAIM 计划允许报废旧车这种移动污染源的削减信用交易。

一项预测表明，这一制度将节约 42% 的成本，即每年 580 万美元。截至 1996 年 6 月，353 家 RECLAIM 计划的参与企业总共交易了 10 万吨 NO_X 和 SO_2 的排污额度，总交易额超过了 1000 万美元。RECLAIM 计划的操作方式是通过发放排污许可证给各污染源，授予特定的逐步削减污染的量。该计划对 1990 年度 NO_X 和 SO_2 的排放量达 4 吨的固定源起到了控制作用，但某些污染源比如租赁设备和基础公共设施(包括垃圾填埋场和污水处理厂)却被排除在计划控制范围之外。南海岸空气质量管理局一直在考虑扩大这一计划的适用范围，以允许固定源和流动源之间的交易。

(3)东北 NO_X 预算交易计划

2003 年，美国环保局开始管理的 NO_X 预算交易计划(NBP)，是美国东北部 22 个州为了实现夏季(5 月 1 日—9 月 30 日)臭氧浓度达标而联合实施的 NO_X 排放控制项目。这是一个以市场为基础，为控制发电厂、大型工业锅炉、汽轮机等其他大型燃烧源的 NO_X 排放以减少温室气体排放上限的交易方案。

该计划是在臭氧传输委员会 NO_X 预算项目(OTC NBP)的基础上发展而来的，较之 OTC NBP，它有以下改进之处：参与项目的州扩展到

22个，因此更加有利于控制排放和实现空气质量达标；美国环保局更加深入地介入项目的设计和管理，因而制度变得更加完善，比如，环保局对各州分配排放配额的方法提出选择方案，并直接负责配额登记；环保局要求大型排放源必须安装排放连续监测系统，较小的排放源可以使用简单些的排放估算方法，且它们都必须将计算排放的全部资料以电子版形式提交给环保局，环保局直接从事针对超标排污行为的处罚，处罚办法是：如果排放源当年排放超出所持配额，将按3∶1的比例扣除其下一年的排放配额。

NBP取得了明显的NO_X减排和环境改善效益。2008年区域夏季NO_X排放比2000年平均下降了62%，2007年区域臭氧浓度比2002年平均下降了10%。但是NBP只对区域夏季NO_X排放进行总量控制和排放交易(夏季是臭氧容易形成的季节)，目的是实现臭氧浓度达标。可是，细颗粒物PM 2.5也是同样值得关注的空气污染物，为了控制PM 2.5污染，显然需要对全年NO_X排放进行总量控制和交易。

3. 第三代排污权交易

美国第三代排污权交易机制主要包括区域温室气体削减计划(Regional Greenhouse Gas Initiative，美国第一个强制执行的针对二氧化碳的排污权交易项目)、清洁空气州际法规(Clean Air Interstate Rule)、加利福尼亚州和西部气候计划(California and the Western Climate Initiative)、中西部气候变化行动(Midwestern Greenhouse Gas Reduction Accord)和以芝加哥气候交易所为代表的气候变化自愿性计划。第三代排污权交易机制主要是面对全球气候变化的严峻挑战，以国内法的实施机制积极应对气候变化带来的现实问题，集中表现为以碳排放为核心、以完善规制体制为导向、以建设交易机制为突破口。

二、美国排污权交易机制的实践经验①

纵观美国排污权交易理论和实践的演进历程，排污权交易机制实现

---

① 本部分内容主要参见曾石安：《美国排污权总量控制与交易制度对我国的启示》，载《成都行政学院学报》2018年第3期。

以市场化为基本导向目标，注重以多元化途径满足不同主体需求，并通过增加交易方式的灵活性提升参与主体的自由度。而这些目标的实现需要总量控制、排污权初始分配以及交易环节的市场监管等环节的法律制度性保障。

1. 总量控制

理论与实践经验均表明，排污权交易必须以总量控制为前提条件，总量控制使得环境容量资源的价值被法律所认可，并明确了排污企业对容量资源的使用权。理论上，最有效率的污染减排是当排污企业的减排成本等于社会的单位效益时，此时的总量目标才是最佳水平，实现了社会成本内部化达到帕累托最优状态。但是，社会的效益以及企业的真实成本往往很难确定，这就导致了常规的效益成本分析法无法确定其具体的总量目标。在实践中，政策制定者会综合考虑生态环境、资源禀赋以及经济发展水平等因素来确定总量目标。美国的政策制定者想出了一种经济分析的方法来估计其需要实施的总量。并且排放配额总量逐年减少，配合"银行"存储政策使其较好地实现了减排总量控制目标。

2. 初始分配

初始分配方式（例如直接销售、免费发放或者拍卖）和分配时所采用的标的以及初始分配的配额期限都与企业的利益息息相关。初始分配会对企业之间的利益进行再分配，从而形成不同的减排激励。美国的初始分配方式主要有免费发放、直接销售以及拍卖。在免费分发的情况下，相当于参与企业获得了一笔意外之财，这会提高企业的参与积极性，减少政策实施的阻力。但是这样实际上是政府把每个人都该享有的环境容量使用权集中分配给了企业，并且赋予了它们无偿使用的权利。如果企业意识不到该配额的价值，则会达不到政策的最终效果。直接销售是政府作为卖家而企业作为买家进行交易。直接销售有利于新源进入市场，避免了新源因无法获得配额而无法进入从而缺乏市场竞争的情况。然而，随着市场活跃度的增加，新源在市场上进行交易获得排污权配额的成本小于从政府购买的价格，因此美国联邦环保局在1995年取消了"排放配额"直接销售，而将所有配额都转为拍卖销售。拍卖销售更加接近于市场机制，可以减少排污权配额的价格波动而且反映了其他企业的边际减排成本。

　　企业获得的初始排污权配额是永久性的分配(例如只分配一次，不重新分配)还是到期分配(配额到期重新进行分配)也会对企业造成不同的影响。永久性分配有利于初始获得排污权配额的企业，而不利于新污染源。而到期分配排污权配额，即排污权配额的使用期有限再次进行重新分配时，新源往往会获得一部分的排污权配额。当然在这两种分配方式中，政府都可以预留一部分排污权配额以供将来新源使用，但是新源获得配额的成本会有所不同。其中，配额期限的选择还会影响到政府管理成本和企业的激励问题。如永久性分配，政府则不用再对排污权配额进行重新分配，这样减少了政府的信息收集以及行政成本。企业如果还拥有排污权配额，则政府激励会有所减小。在到期分配中，政府可以激励企业达到预期的目标。例如，政府选择产出作为标的分配排污权配额，企业则可以通过增加产出从而获得更多的排污权配额。在美国的"酸雨计划"中，其排污权配额初始分配前期采用的是以免费发放为主，后期则是以拍卖为主，奖励为辅。其分配标的配额支持跨期交易，属于永久性分配。

3. 交易账户和交易主体

　　交易账户用于记录配额的初始分配、买卖配额和配额的剩余情况。这不仅可以减少排污企业之间的交易成本，而且可以使政府随时通过追踪交易账户来判别企业是否合法，同时也更容易操作"银行"存储政策。交易账户要发挥作用还需要其他相关技术的支撑。例如，在美国排污权实践中，就开发了动态连续监测系统(CEMS)和污染追踪模块(ETM)以及配额追踪模块(ATM)和协调与合规模块(RCM)。其中，动态连续监测系统记录企业的实施排放数据例如排放速率和浓度，然后将这些信息及时反馈给企业和政府监管部门，确保其在合规的排放状态之内。污染追踪模块是 CEMS 的下一个技术环节，主要作用是收集、审查和维持与排放数据相关的信息。污染追踪模块通常有一定的计算功能，通过预置的算法直接换算成监管部门所需要的数据，减少了对数据的收集再处理的繁杂步骤，而且统一的算法保证了不同企业之间排放数据的可比性。污染追踪模块中的数据是公开的，不同的团体组织和个人都可以通过平台媒介(如网络)方便地获取数据，从而给予了公众监督的渠道以及信心和预期。配额追踪模块是记录交易账户中配额的买卖及拥有。协调与合规模块的作用主要是在合规期快结束时，对比企业的配额拥有总量与实际排放量。当其所拥有的排污权配额能够覆盖其排污总量时，则该企业是合规的。此外，交易账户的归属性问题就牵涉到了交易主体，交易主体在二级市场中起到了非常重要的作用，直接影响到政策的可行性以及二级市场的流动性。

一般来说，交易主体的多元化是市场体制的一个明显特征。交易主体的多元化可以减少交易成本和促进公众参与度，充分反映市场上的供需状态以及反映交易价格信息。在美国的"酸雨计划"中，交易主体非常广泛，包括经纪人、中介公司、信息咨询公司以及环保组织和公民个人都可以进行配额的买卖和交易。相反，对交易主体的限制，会减少市场上配额的流动性，影响交易市场的正常运转。例如，在威斯康星福克斯河的 BOD 排污许可交易体系中，合格的交易者包括市政当局、向福克斯河排污的纸浆和纸张厂，排放源分为两组，每组有 6 或 7 个污染源，交易只允许在同组的排放源之间进行。这个限制以及很多管理交易的复杂限制，大大阻碍了市场的建立。导致在 6 年的时间里，仅有一次交易发生，而且达到水环境质量标准预期的费用节省也没有发生。

4. 配额使用

排污权配额的使用是总量控制与交易制度中的一个重要问题，这关系到排污企业之间的公正以及交易成本。例如，美国采用国家空气质量标准的原则作为框架约束其中的全部排污企业，即使是已经合规的企业也要遵守其中的规章，这就保证了不同企业之间的公平性。在使用配额时有两个方面不得不考虑，因为这两个方面都会对配额的交易产生影响，即时间和空间上的考虑。

时间上的考虑是指排污权配额能否进行跨期交易。在总量控制与交易制度中，几乎所有的项目都是允许跨期交易的(RECLAIM 除外)，即支持"银行"存储政策。RECLAIM 项目之所以没有采用"银行"存储政策是因为该项目初始分配中的配额总量多于其核定的环境容纳量。"银行"存储政策是企业可以将未使用完的排污权配额像货币一样存储在专门账户中。这解决了跨期交易的问题，同时给予企业更大的灵活性，使其能够像管理资产一样管理其配额。"银行"存储政策给予了排污企业更大的灵活性且减少了配额价格的波动性，给予了企业信心和明确的预期。但是"银行"存储政策会有一个问题，当企业后期不进行减排和技术升级而是使用前期存储下来的排污权配额时，会导致减排目标的延迟或者政策的失效。因为企业前期虽然努力地进行了减排从而存储了一部分配额，但是当企业后期为了合规而使用存储下来的配额时，实际上是当期污染转移到了将来，减排总量并没有减少而且还延迟了减排目标的实现。所以"银行"存储政策似乎并不适合需要短期实现减排目标的项目以及污染危害严重的区域，而是适合长期连续减排目标的项目以及总体排放造成的大气环境污染问题。

空间上的考虑是指排污企业能否进行跨区交易。跨区交易能够增大交易规模和交易主体，促进二级市场的流动性，减少交易成本。但是由于不同地区的资源禀赋、经济发展、减排主体不同，其排污权配额实际经济价值有所不同。如果某个地区集中了大量的高污染排放企业，则有可能会造成企业集体购买排污权配额进行生产活动，而不进行减排技术的升级，从而进一步加剧该地区环境的污染，造成"热点"问题。美国在总量控制与交易制度中为避免"热点"问题的做法有两个。其一是差别化对待不同的环境污染区。在高污染、高排放、边际减排成本高的地区与其他地区在进行跨区交易时提升其排污权配额实际价值，避免排污企业依赖购买排污权配额而不进行技术减排。其二是通过环境政策之间的分层管理来避免"热点"问题。例如，在"酸雨计划"中，企业不仅要遵守总量控制与交易制度，联邦环保局还要求排污企业遵守国家空气质量标准原则(NAAQS)、新源控制原则和预防重大危害原则等政策，多重约束保证了企业之间的减排效果和基本消除了"热点"问题。

从美国排污权交易机制的发展经验来看，我国的排污权交易机制发展应当在以下几个方面引起足够重视：第一，制定合适的总量控制目标。总量控制是总量控制与交易制度的核心，总量控制目标过高和过低都会影响排污权的实施效果，总量控制是赋予环境容量资源商品属性的前提。第二，初始分配不仅仅要注重公平性，也必须考虑政治可行性，还应该以激励排污企业参与为目的。排污权的初始分配主要分为有偿和无偿两种方式，应当根据具体情况选择哪种方式。第三，扩大交易主体和完善交易账户。排污权交易是基于市场激励的环境经济制度，其制度发挥作用的关键在于利用市场杠杆和竞争机制减少社会减排总成本。如果交易主体仅仅局限于政府和企业或者企业和企业，中介公司、环保组织、个人投资者不能参与，其相关的排污权金融产品和二级市场则会发展缓慢。第四，必须对排污进行及时监督，及时跟踪排污者，并对违反规定者进行惩罚，不过过高的监督成本会抵消排污权交易制度本身的好处。

我国可以尝试排污权的储备制度和跨区交易。排污权储备能够给予企业预期，使企业制定长期战略计划，而且能够激励企业提前减排以及减少排污权配额价值的波动性。而扩大排污权交易的区域范围可以有利于增大交易规模和扩大交易主体，促进二级市场的流动性，减少交易成本。

第二节　国内排污权交易机制的实践发展

排污权交易制度是近年来我国在环境保护领域启动的一项导向性、基础性制度创新。国务院于2014年出台的《加强和促进排污权交易试点工作的指导意见》明确指出，排污权交易的试点与探索要在2017年年底前基本完成。以此为时间节点，试点地区应基本建立健全排污权交易相关制度与配套措施，以便为排污权交易制度的全国推广提供经验与借鉴。考察试点地区的经验和存在的问题，有利于对排污权交易制度在我国的发展情况有一个全面的了解，一些有益的经验也值得湖北省借鉴以进一步完善排污权交易机制。

一、排污权交易总体进展情况

在地方试点中，排污权有偿使用和交易是以排污指标有偿取得和交易的形式出现，因此很多人也称之为排污指标有偿使用和交易。这项制度分为两个部分。首先是排污者根据有关部门制定的主要污染物排污指标价格购买或者通过市场竞拍获得排污权或排污指标，然后才有可能在主要污染物排放总量保持不变的情况下，实际排放量低于排污指标的企业可以出售相应的排放指标。

1. 国家层面的工作进展

2014 年，国务院办公厅印发的《国务院办公厅关于进一步推进排污权有偿使用和交易试点工作的指导意见》(国办发(2014)38 号)成为开展试点工作的纲领性文件，也成为排污权有偿使用和交易政策在全国推广的重要指导。2014 年，国务院总理李克强主持召开国务院常务会议，指出"创新信贷服务，支持开展排污权、收费权、购买服务协议质(抵)押等担保贷款业务"。

2015 年，中共中央、国务院印发《生态文明体制改革总体方案》，对"推行排污权交易制度"进行了详细规定："在企业排污总量控制制度基础上，尽快完善初始排污权核定，扩大涵盖的污染物覆盖面。在现行以行政区为单元层层分解机制基础上，根据行业先进排污水平，逐步强化以企业为单元进行总量控制、通过排污权交易获得减排收益的机制。在重点流域和大气污染重点区域，合理推进跨行政区排污权交易。扩大排污权有偿使用和交易试点，将更多条件成熟地区纳入试点。加强排污权交易平台建设。制定排污权核定、使用费收取使用和交易价格等规定。"

2015 年国务院印发《水污染防治行动计划》，多次提到排污权交易：推广股权、项目收益权、特许经营权、排污权等质押融资担保，深化排污权有偿使用和交易试点。2015 年底前，完成国控重点污染源及排污权有偿使用和交易试点地区污染源排污许可证的核发工作。

2015 年，习近平总书记在中国共产党第十八届中央委员会第五次全体会议上的讲话指出，要"全面节约和高效利用资源，树立节约集约循环利用的资源观，建立健全用能权、用水权、排污权、碳排放权初始分配制度，推动形成勤俭节约的社会风尚"。

2016年1月开始实施的《大气污染防治法》修订案第20条明确规定"国家逐步推行重点大气污染物排污权交易"，至此排污权交易政策正式纳入法律文件。

2016年1月，国务院总理李克强主持召开国务院常务会议，提出："制定金融支持制造强国建设指导意见，发展能效贷款排污权抵押贷款等绿色信贷。"2016年3月《国民经济和社会发展第十三个五年规划纲要》，明确"建立健全排污权有偿使用和交易制度"。

上述文件要求越来越具体，可以看出，试点先行，与其他制度建设相匹配，建立健全排污权有偿使用和交易制度是大势所趋，是国家生态文明制度改革的重要环境经济举措。

国家层面上，从制度建设、方法研究等方面推动排污权有偿使用和交易试点工作。"十二五"期间，原环境保护部依托环境规划院等技术支撑单位，组织开展了排污权有偿使用与交易政策试点年度评估工作，形成了有偿使用费的宏观经济与物价影响研究、流域非点源排污权有偿使用和交易机制研究、点源水污染物总量控制政策协调性分析及整合研究、国家排污许可和排污权交易管理系统平台建设方案等研究成果；联合财政部、发改委等编制了《主要污染物排污权核定暂行办法》（征求意见稿）、《排污权出让收入管理暂行办法》、《关于印发〈国家排污权有偿使用和交易试点地区政策实施情况阶段性评估技术指南〉的通知》（环办总量发（2016）5号）等政策指导性文件。

"十二五"水专项设立了"水污染物排污权有偿使用关键技术与示范研究"课题，结合浙江、河北、河南3省的排污权有偿使用和交易试点，开展我国排污权有偿使用和交易政策框架研究，进行了分配、定价、排放量核定、绩效评估等关键技术研究，开发了通用管理平台。

2. 地方试点工作进展

2008年以来，财政部、原环保部与发改委相继批准了江苏、浙江、天津、湖北、湖南、山西、内蒙古、重庆、河北、陕西、河南 11 个省（自治区、直辖市）以及青岛市开展试点工作，广东、辽宁、四川、福建、宁夏、新疆等地自行开展试点工作。各地在制度建设、平台搭建、技术攻关、政策创新等方面开展了大量实践，试点工作由浅到深、由点到面稳步推进，取得了初步成效。

第一，在政策文件制定方面，首先，在管理性政策文件制定方面：试点地区共出台 50 多份文件，基本涵盖了排污权交易的基本管理要求，具有适用性。试点基本明确了循序渐进、试点先行、新老有别、政府主导、兼顾公平公开等原则。调研发现，现阶段交易市场以政府主导为主，各试点工作侧重于制定政策的基本框架与法律法规，建立完善污染源管理制度，在限定范围内开展政策试点等前期工作，已经取得了初步的进展。

其次，在技术性政策文件制定方面：试点地区合计制定了 70 多份技术性政策文件，总体上均就排污权核定、基准价确定、排污权有偿使用、出让及出让收入管理等方面作了规定。

结合《指导意见》要求，浙江、重庆、湖北、江苏、山西等省（自治区、直辖市）针对排污权核定、排污权初始定价、排污权有偿使用办法、排污权出让收入管理等内容分别出台了针对性的文件。如浙江省出台了《浙江省排污权有偿使用和交易试点工作暂行办法实施细则》（浙环函（2011）247 号）、《总装机容量 30 万千瓦以上燃煤发电企业初始排污权有偿使用费征收标准的通知》（浙价资（2012）137 号）、《浙江省主要污染物初始排污权核定和分配技术规范（试行）》（浙环发（2013）42 号）、《浙江省储备排污权出让电子竞价程序规定（试行）》（浙环发（2015）21 号）等技术文件，分别就各项内容予以详细规定。而内蒙古、河南、湖南、陕西等省（自治区、直辖市）则通过落实《指导意见》制定了《主要污染物排污权有偿使用和交易实施细则》等主要文件，对上述内容作了概括性规定，虽然各项内容均有涉及，但内容较简单。

第二，有偿使用和交易推进。在试点范围和污染因子方面，11 个省份基本能覆盖本省的主要区域和行业，因子与国家现行总量控制要求一致，均涵盖 4 项主要污染物。部分省份在此基础上有所扩展，例如山西省覆盖了 6 项污染物，湖南省覆盖了 7 项污染物。

有偿使用情况各省推进差异较大。其中，浙江、重庆、内蒙古、河南完成了全部新建污染源的有偿使用；河北完成了现有污染源的有偿使用；天津、山西、陕西等地区未开展有偿使用；湖北省 2016—2017 年开展有偿使用；江苏、湖南完成了部分污染源的有偿使用。此外，山西采用无偿方式取得排污权，陕西、湖北未开展排污权使用费征缴工作。截至 2015 年底，试点省（自治区、直辖市）共征收有偿使用费 51.34 亿元，其中浙江占征收总额的 74%，其余集中在河北、江苏、湖南、内蒙古、重庆等地区。

试点省份采取积极措施，扩大了参与有偿使用的企业覆盖范围，开展有偿使用的企业约 39 万家，各省征收企业数量占应收企业数量（市控及以上重点源）的比例均在 70% 以上。其中，内蒙古、浙江、河南、重庆的征收比例达 100%（河南虽然未在全省开展有偿使用，但在洛阳、三门峡、焦作三个试点地区已经全部完成有偿征收）。

交易情况各省推进差异也比较大。其中，陕西、内蒙古等大部分地区开展的是政府企业层面的新建企业交易，原则上还属于一级市场；重庆等地区存在少量企业间的二级市场交易，但不活跃；浙江的二级市场交易开展得较早，相对活跃；山西有 65% 的交易发生在企业与企业之间。11 个试点共开展交易 22 万余笔，计 4741 亿元。需要注意的是，在各地征收的 51.34 亿元有偿使用费中，有部分与交易费用存在交叉统计，这是因为地方将新企业通过交易获取指标的方式同时归为交易与有偿，以内蒙古与河北较为典型。

在交易笔数与金额方面，浙江、重庆和江苏实现的交易笔数较多，分别为 6885、4949 和 4031 笔，山西、浙江和陕西完成的交易金额较大，分别达到了 1445 亿元、1277 亿元和 75 亿元。

初始定价方面，由于经济水平不同、对排污权价值的认知不同，各省基准价格差距较大，部分省份如浙江省内部各地市基准价格差异也很大。以 COD 为例，湖南省的均价在 230 元/吨·年左右，湖北省的价格在 8790 元/吨·年左右，山西省的价格则在 29000 元/吨左右，使用年限为 5 年。总体来说，全国 COD 平均价格在 6000 元/吨·年左右，氨氮平均价格在 8000 元/吨·年左右，二氧化硫平均价格在 3900 元/吨·年左右，氮氧化物平均价格在 4400 元/吨·年左右。但由于有些省份的基准价格年限是长期的，所以上述平均价格偏高，实际年均价格应该更低。

第三，能力建设情况。试点的 11 个地区均对地域内的企业进行了初始排污权的核定，其中，浙江、湖南、重庆、江苏、山西、内蒙古的核定进度已经达到 100%。在机构建设方面，浙江、江苏、内蒙古、重庆、山西、湖南、河北 7 个省（自治区、直辖市）成立了独立事业编制的排污权交易管理中心，负责排污权交易的相关管理；天津、湖北依托排污权交易所开展管理；河南和陕西在环境保护厅下成立了排污权交易领导小组，并未单独设立管理机构。

在平台建设方面，除天津、湖北依托其他系统平台开展交易管理工作，其他各省均开展了交易平台的建设，基本实现了排污指标申购、核定、交易等功能。

在监管体系方面，各省对国控、省控、市控重点企业开展了在线监测与联网体系建设。其中，山西的在线联网率达到 100%，内蒙古和湖北的在线联网率低于 90%，其他各省为 90% ~ 100%。

第四，专项资金使用情况。截至 2015 年，11 个试点省（自治区、直辖市）国拨资金计 375 亿元，地方配套资金 9.04 亿元。国拨专项资金使用情况中，大部分省提供了资金使用去向，主要用于排污权交易中心建设、排污权有偿使用和交易管理软件开发、排污权相关基础研究等方面，河南、湖北、重庆等省份尚未用完。配套资金方面，湖北、浙江、湖南、重庆、内蒙古、江苏等省（自治区、直辖市）共配套了 9.04 亿元资金，用于交易中心建设及管理平台搭建和运行、污染源自动监控系统建设运行、环境监测能力提升、环境执法及信息化等相关项目建设；河北、河南等省份并未配套相应资金；天津、陕西两地对于专项资金的拨付和使用情况未作具体说明。

大部分试点省份在国家政策的基础上开展了有效尝试，包括实行刷卡排污、排污权抵押贷款、总量预算管理等。其中，江苏、浙江、山西、河北、陕西等省（自治区、直辖市）开展了刷卡排污；浙江、湖南、重庆、河北、山西、内蒙古、陕西等省（自治区、直辖市）开展了排污权抵押贷款；河南、陕西开展了总量预算管理及总量控制指标前置；湖北建立健全了网格化环境监督体系，开展了环境监察移动执法；湖南开展了使用环保专项资金实施排污权储备、实行"以购代补"的污染治理资金下达模式等多项政策创新；重庆开展了排污交易稽核制度、污染源网格化管理、"四清四治"等。对这些典型省份的排污权交易实践进行考察可以了解到最近的进展情况和制度进一步发展的困惑与出路。

二、浙江省的排污权交易实践

浙江省在排污权交易试点的实践中一直走在全国前列，浙江省的经验在排污权交易发展实践中具有较高的研究和借鉴意义。早在 2002 年，嘉兴市部分区域就进行了企业排污权有偿使用和交易试点。2007 年，嘉兴市建成第一个排污权交易储备中心，开创了浙江省排污权交易的先河，排污权交易逐渐制度化和规范化。截至 2014 年，浙江省 11 个设区市及 68 个市、区开展了试点工作，市域覆盖率达到 100%，县域覆盖率达到 75%，覆盖范围全国最广。全省至今已累计开展排污权有偿使用9573 笔，缴纳有偿使用费 17.25 亿元；排污权交易 3863 笔，交易额7.73 亿元；另有 326 家排污单位通过排污权抵押获得银行贷款 66.55亿元，各项指标位居全国前茅。① 到 2017 年底，浙江基本建成排污权有偿使用和交易制度。在试点发展过程中，各市根据自身实际情况制定了相关的管理办法和技术规范。截至 2018 年底，全省共出台 181 个政策文件，排污权政策体系在全国试点中最全。省、市、县三级排污权交易机构基本建成，全省共 27 个排污权交易管理机构。试点范围已实现

---

① 虞选凌：《环境有价交易先行——记浙江省排污权有偿使用和交易试点工作》，载《环境保护》2014 年第 18 期。

区域全覆盖、四项主要污染物全覆盖和重点工业排污单位全覆盖。浙江省排污权有偿使用和交易数额全国第一，全省排污权有偿使用和交易金额达 92 亿元，并开创了排污权租赁，开拓了排污权抵押贷款等排污权交易的创新模式。

1. 排污权抵押贷款制度

排污权抵押贷款制度是浙江省在排污权交易试点过程中开展的一项金融创新举措。根据人民银行杭州中心支行与原浙江省环境保护厅联合制定的《浙江省排污权抵押贷款暂行规定》(杭银发〔2010〕266 号)，排污权抵押贷款是指借款人以自有的、依法可以转让的排污权为抵押物，在遵守国家有关法律、法规和信贷政策前提下，向贷款人申请获得贷款的融资活动。

排污权抵押贷款只能用于企业流动资金周转、技术改造等生产经营活动。用于抵押贷款的排污权指标数量不得超过排污许可证登载的排污权指标数量。浙江省排污权抵押贷款额度原则上不得超过抵押排污权评估价值的 80%。排污权评估价值参照有偿取得的价格及当期排污权交易市场价格和政府收储价格综合确定，由借款人与贷款人协商评估。排污权抵押贷款期限原则上不超过企业排污许可证有效期限的届满日。

浙江省排污权抵押贷款这一制度的推出，把排污权变成了企业的"流动的资产"，银行把排污权作为担保物，并依此提供抵押贷款，这就意味着排污权具备了资产和资本的功能。这一制度不仅帮助企业缓解了资金紧缺的矛盾，还帮助企业拓宽了融资渠道。不过需要注意的是，尽管排污权抵押贷款是一项缓解中小企业因购买排污权而造成资金紧缺的创新之举，但是由于排污权指标会随着使用时限在价值方面的减值，从而使银行的利益存在风险。①

2. 排污权指标租赁制度

为满足企业对排污权指标的短期需求，活跃排污权交易市场，浙江

---

① 徐琳玲：《浙江省排污权有偿使用和交易现状及评估》，浙江工业大学硕士学位论文，2013 年。

省内一些试点地区推出了污染物排放总量指标短期租赁制度。目的是满足企业对排污权指标的短期需求，解决企业生产中出现的临时性困难，同时有利于盘活排污权指标，解决资源闲置问题，为经济发展提供服务。

以嘉兴平湖市为例，2010 年 10 月作为排污权指标租赁的相关指导文件《平湖市 2010 年污染减排工作意见》（平政发〔2010〕51 号）出台，平湖市环保局从同年 6 月全面完成全市主要污染企业排污总量核定后，启动了对建立排污指标租赁市场的探索，并于 2010 年 10 月 14 日正式出台了《关于开展化学需氧量排放指标租赁的意见（试行）》（平环保〔2010〕98 号）。

根据该文件，排污权租赁的原则是：①总量已核定。出租或承租的对象都必须是已经市环保局核定化学需氧量（COD）排放指标的企业。②同行业租赁。COD 排放指标仅限于在同行业之间租赁，根据该市已核定 COD 排放指标企业的行业分布状况，分为造纸行业、电锭行业、印染（水洗）行业和其他行业。③年度内使用。租赁的 COD 排放指标仅限于在本年度内使用，下一年度 1 月 1 日起自动作废。④市场化定价。COD 排放指标租赁作为经济方式盘活排污权交易市场的重要手段，必须采用市场化定价。

由于企业的 COD 排放指标是由平湖市环境保护局核定，故租赁的各个程序都必须在平湖市环境保护局的审核监控下完成，具体程序如下：①拟出租 COD 排放指标的出租方企业向市环保局提出出租申请，由市环保局核定可出租量，并将核定后的可出租量在网站上公布；②拟承租 COD 排放指标的承租方企业向市环保局提出承租申请，由市环保局核定承租量，并提供出租方信息；③租赁双方签订租赁合同，承租方将合同及租赁款支付凭证复印件报市环保局备案；④市环保局对 COD 排放总量采取废水排放量和 COD 排放浓度双控制，根据租赁合同，变更双方当年度的废水排放量控制限额。

排污权短期租赁遵循指标已核定、同行业租赁、年内使用、市场定价的原则，这一制度有效地解决了企业发生的临时性排污权不足的困难，同时也有利于盘活排污指标，解决资源闲置问题，为经济发展提供服务。

3. 排污权政府回购制度

由于我国近年来减排力度不断加大，因此环境容量资源日益紧张，许多排污权交易参与企业存在"惜售"心理，导致排污权交易市场供给不足，交易清淡，因此政府回购制度应运而生。政府回购企业多余排污权指标，通过鼓励与强制相结合的措施，力争增加排污权市场的供给。政府回收排污权主要有两种形式：强制回收和鼓励性回购。

企业手中持有的排污权指标，如果长时间内既不用于自身的生产经营，也不转让给其他企业进行生产经营，无疑是对环境容量的一种浪费，同时也造成了排污权交易市场的供给不足，此时政府可以对此类"闲置"的排污权指标强制收回。《关于印发嘉兴市主要污染物排污权交易办法(试行)的通知》第 26 条规定："转让获得的排污权，闲置期(扣除项目建设期)不得超过 5 年。超过 5 年的，并经环境保护主管部门确认后，可由储备交易中心无偿收回。"

鼓励性回购做得比较好的是嘉兴市嘉善县。为了推动企业主动将减排所产生的多余排污权指标转让给政府，《嘉善县减排工程主要污染物指标回购具体办法(试行)》规定了一系列鼓励措施。企业通过减排工程削减的排污量经县环境保护部门确认后，扣除政府下达的平均减排任务数，由政府全部回购，企业今后发展所需不超过回购量的部分，可以原收购价优先购买。这样就大大减轻了企业担心自己出售排污权后，日后自身发展需要时无法获得足够指标的忧虑。

此外，对于减排贡献巨大的项目，该办法还设计了"预先回购"制度，旨在鼓励企业建设减排工程，一方面为该县完成减排任务作出贡献，另一方面也为排污权交易市场增加供应。该制度的具体内容如下："实行主要污染物指标预先回购的，企业必须确定有资质的工程落实工程方案、预算并签订工程合同后，报县环保部门备案。县环保部门根据减排工程设计参数和要求，初步确定主要污染物削减量。县排污权储备交易中心根据初步确定的主要污染物削减量核定回购款，并对回购款的支付条件作出了具体规定。"[1]

4. 排污权储备与调控制度

排污权储备与调控制度是指各级生态环境主管部门通过预留、收回、收购等形式，将排污权纳入政府储备量，各级环境保护行政主管部门通过拍卖、挂牌和竞价等形式，将政府储备的排污权出让给排污单位的行为。[2] 排污权储备与调控制度是综合运用计划和市场两种手段确保排污权交易市场稳定、有效运行的机制保障。

《浙江省排污权储备和出让管理暂行办法》(浙环发〔2013〕45 号)明确了排污权指标的收储、储备排污权的出让、储备排污权出让资金收支管理等内容。根据该办法，排污权储备的来源主要有：(1)预留，在初始排污权指标分配时，政府可预留一定比例；(2)排污单位破产、关停、被取缔或迁出其所在行政区域的，其无偿取得的排污权；(3)通过排污权交易取得的排污权；(4)排污单位闲置的排污权；(5)在完成污染物减排任务的前提下，由政府投入环保基础设施建设获得的富余排污权。

排污权储备的工作除总装机容量 30 万千瓦以上燃煤发电企业二氧化硫和氮氧化物排污权的储备由省排污权交易机构负责外，其他统一由各行政区域内同级的排污权交易机构负责。排污权储备出让的收入作为排污权有偿使用收入统一纳入政府性基金预算管理。

该办法还要求浙江省排污权交易机构应建立全省统一的排污权储备和出让管理平台，各级排污权交易机构可按权限进行操作和管理，并在平台上向社会公示排污权储备和出让信息。

5. 刷卡排污制度

为加强对排污权指标的核定和监管，在开展常规监测监控的基础上，浙江省率先推行了刷卡排污总量控制系统建设。

---

[1]　顾缵琪：《我国排污权交易制度的设计与实践》，复旦大学硕士学位论文，2014 年。

[2]　周树勋、任艳红：《浙江省排污权交易制度及其对碳排放交易机制建设的启示》，载《环境污染与防治》2013 年第 6 期。

　　刷卡排污的操作过程简单便捷：企业每月持特制的 IC 卡到环保部门申领污水月排量，然后将此卡在企业安装的专门装置上刷卡排污，一旦当月额定排量提前用完，企业排污阀口会自动关闭，迫使企业停产。由于部分行业受季节性影响，每月排污量并不均衡，存在生产旺季排污超量、淡季排污减量的现象，因而将制度灵活变通，在确保不超年排放总量和污水处理厂负荷能力的情况下，针对需透支的企业，可适当将部分余额调整预支，前提条件是企业须在每个月的第三周提前申请并获得同意。

　　刷卡排污总量控制的基本思想是以落实企业环境保护主体责任为核心，以排污许可证为依据，以刷卡排污为手段，明确规定排污企业在达标排放的同时，不能超出排污许可证核定的允许排放量排放污染物，在污染物排放量到达分配额度时实施预警、关停等总量控制措施，企业可以采用清洁生产、提高污染处理效率、排污权交易等方式减少污染物排放或竞购排污权指标。刷卡排污系统建设为全面实施排污权指标核定和监管奠定了基础，是激活排污权交易二级市场的有力抓手。①

　　排污权交易体系是否有效运转，二级市场的活跃程度是一项重要的衡量标准，浙江省为推动二级市场所实施的诸如排污权贷款抵押、排污权指标租赁、排污权政府回购、排污权储备与调控、刷卡排污等制度，对于活跃二级市场有着十分重要的作用，可以为湖北省二级市场的探索提供相关借鉴。当然，浙江省的排污权交易试点也暴露出一些实践难题。

　　首先，环境容量和排污总量核定不科学，各个市的排污权交易从表面上看数量多、范围广，也对环境改善起到了一定的积极作用。但排污权交易量巨大会造成排污总量增加，所以科学合理的总量控制显得尤为重要。但由于技术层面的限制，这一问题的研究仍处于初始阶段，基于环境容量的排污总量存在难以科学、客观地确定的问题。这种情况易导

---

　　①　周树勋、任艳红：《浙江省排污权交易制度及其对碳排放交易机制建设的启示》，载《环境污染与防治》2013 年第 6 期。

致区域排污总量得不到控制,区域环境质量恶化,排污交易与环境改善难以"对接"。同时,在浙江省生态建设的过程中,环境污染家底不清的问题严重困扰着环保工作的深入开展,环境统计基数不准是一个不争的事实。

其次,行政干预会抑制市场形成,导致垄断取代竞争。例如,《嘉兴市主要污染物排污权交易办法(试行)》规定,无论是排污权的需求方还是可转让方,无论是申购还是出让,都只能与排污权储备交易中心签订合同。排污权储备交易中心具有高度垄断性,企业没有讨价还价的能力,这大幅降低了企业进行交易的积极性,也无法形成公平合理的交易价格。尤其近年来,舆论对于保护环境的呼声比以往任何时候都要强烈,但企业出于利益考虑,实际参与意识仍不强,近年陆续启动的排放权交易二级市场日常交易量很小。政府需要通过各种间接干预来推动整个体系的运行,表现在设定指导价格、促成大量场外协议交易以及出台文件帮助企业到期履约等方面。在这种情况下,企业更像是完成上级交办的任务,市场在清算期出现交易井喷的现象。①

最后,相关政策制度有待完善。排污权抵押贷款制度缺乏支撑。排污权抵押贷款的实施的确在一定程度上有效地解决了一些中小企业融资难、发展难的困境。但在现阶段法律体系的框架下,要全面推广排污权抵押贷款存在一些困难。第一,排污权的准物权属性在我国还没有正式的法律解释。相关法律中都未将排污权纳入可抵押财产范围内,在实际的操作过程中因缺少法律依据而陷入较尴尬的境地。第二,排污权抵押贷款的抵押权实现存在一定的局限性。一是过度的政府干预使交易市场化程度不高,阻碍了排污权的自由流通,直接对抵押银行抵押权的实现造成威胁;二是由于排污权的空间限制,使抵押权实现时,存在交易对象和实现手段的限制。第三,由于排污权指标的价值会随着使用时限而减值,可能会使银行存在利益风险。

---

① 赵子健、顾缵琪、顾海英:《中国排放权交易的机制选择与制约因素》,载《上海交通大学学报(哲学社会科学版)》2016年第1期。

总的来说，浙江省二级市场交易体系仍比较脆弱，且交易后监管存在空白。目前开展的交易，双方都是在政府和有关部门外力的作用下形成的，并不是完全的市场行为，加之一些技术层面的客观限制，这样的交易能否持久、能否取得预想中的成效，有待进一步观察。

三、江苏省排污权交易的实践[①]

江苏是我国最早开展排污权交易的试点地区之一。1999 年，原国家环保总局与美国联邦环保署选定江苏省南通市开展运用市场机制减少二氧化硫排放的可行性合作研究。在美国环保协会专家的指导下，2001年 11 月，南通醋酸纤维有限公司以 50 万元的价格向南通天生港发电有限公司购买了 1800 吨二氧化硫的排放指标，每年 300 吨，期限为 6 年，成功完成了江苏第一笔二氧化硫排污权交易。2002 年 2 月，原南京下关电厂与向太仓电厂以每公斤 1 元的价格每年出售了 1700 吨二氧化硫的排放权，期限为 2 年，尝试了排污权跨区域交易。2003 年常州谏壁电厂与常州发电有限公司签署交易协议，谏壁电厂自 2006 年起连续 5年，每年向常州发电有限公司转让 2800 吨二氧化硫的排放指标。2007年由泰兴市环保局作为中介向中海黄桥(泰兴)有限公司和泰兴市卡万塔沿海热电有限公司回购了 200 吨二氧化硫排放指标，以每吨 1500 元的价格出售给了江苏泰兴新浦化学有限公司。随后几年江苏也进行了几起二氧化硫排放指标的交易行为。

在太湖蓝藻环保事件爆发以后，在原国家环保总局的支持下，江苏把排污权交易试点的治理对象从大气环境扩展到了水环境，2008 年出台了《江苏省太湖流域主要水污染物排污权有偿使用和交易试点方案细则》，对排污标的、交易程序、交易管理以及监督管理作出了规定。江苏省太湖流域排污权交易试点工作自开展以来，纳入首批试点的 915户重点企业中，98.5% 已实现了排污权网上申购管理。

---

① 参见赵春玲、杨桐彬：《江苏排污权交易理论实践与对策研究》，载《南京财经大学学报(双月刊)》2016 年第 2 期。

经过 10 多年的尝试，江苏排污权交易制度建设取得了阶段性成果。第一，排污权交易的制度框架已经初步建立。江苏先后出台了《江苏省太湖水污染防治条例(修订)》《江苏省太湖流域主要水污染物排污权交易管理暂行办法》《江苏省二氧化硫排污权有偿使用和交易管理办法(试行)》等一系列关于排污权交易的办法和实施细则，为全省开展排污权交易提供了法律和政策依据。第二，交易标的涵盖面逐步扩大。江苏的交易标的从最初工业废气中的二氧化硫扩展到现在包括工业废水中的化学需氧量、氨氮、总磷等多种主要污染物，涵盖了大气环境治理和水环境治理所涉及的主要污染物，为进一步细化排污权交易标的物设定积累了宝贵经验。第三，对交易的方式进行了积极探索。江苏在排污权交易方式上尝试了从行业内部交易到跨行业交易、从区域内交易到区域间交易的多种交易方式，为今后进一步优化排污权交易方式作出了有益探索。第四，对减少排污总量发挥了积极作用。以江阴为例，江阴实施排污权交易制度后，人们对环境容量是稀缺资源的认识得到了明显提高，排污企业环保意识显著增强，激发了企业减排积极性，有害物质排放总量明显下降。

排污权交易在江苏实施过程中出现的问题主要为：一是环境容量等基础性数据信息还需要进一步完善。目前排污总量控制主要是在原有排放总量的基础上按照减排指标进行核定，并不能真正反映环境容量的承载力。二是初始排污权价格形成机制还需要进一步市场化。目前，初始排污权价格基本属于政府定价性质，并不能完全反映排污权的稀缺性。三是二级市场交易不活跃，市场的约束激励作用没有完全发挥。从全省 10 多年的试行情况看，为数不多的二氧化硫交易行为主要在行业内部协议完成，污水中化学需氧量的交易也主要集中在江阴市一个区域，排污补偿理念尚未被所有排污者认同和接受，导致排污者通过市场买卖排污权的积极性不高。四是公平交易的市场环境需要进一步完善。地方政府对有些交易行为过度地干预将扭曲市场信号，不利于市场的自身发展。五是市场交易服务平台体系还没有真正形成。虽然江苏在 2009 年成立了省级排污权交易管理中心，但是各市县发展并不平衡，没有形成上下统一、高效规范的交易服务平台。六是政府监管部门对排污权交易制度的执行监管还需要进一步加强。从媒体报道的情况来看，江苏省内"偷排"事件时有发生，这降低了市场效能。

四、排污权交易试点进展评价

2014年，国务院印发的《关于进一步推进排污权有偿使用和交易试点工作的指导意见》(国办发(2014)38号)是排污权有偿使用和交易试点工作改革破局的纲领性文件。在国家层面相关立法和政策文件的指引下，地方层面的试点地区相继出台了试点实施方案、有偿使用管理办法、交易管理办法、竞价办法、确权技术规范、定价技术规范等各类规范性文件，通过政策引导初步规范了排污权初始分配和交易。11个试点省(市、区)地方政府以及地方环保、财政、物价、联交所等各相关职能部门(单位)制定的政策文件、配套制度、技术规程等超过100项，地方试点层面的排污权有偿使用和交易政策制度体系初步形成。重庆、浙江等地区正在争取将试点工作以地方性立法的形式予以确定，提升排污权有偿使用和交易的法律地位；河北试点地区电力行业的排污权核定已经完成，其他行业的核定工作在2016年9月之前完成；陕西的排污权有偿使用工作于2017年在电力行业推行，2018年在其他行业推行；河南将对老企业的初始排污权进行核定之后全面开展排污权有偿使用工作。

各试点地区开展有偿使用或者交易的污染物品种结合了本地实际，实现了试点方案中试点区域、试点污染物内的全覆盖，江苏等地的交易试点由水污染物向大气污染物延伸。根据《指导意见》的要求，在有偿使用过程中对新老企业区别对待，积极稳妥地推进实践工作。虽然江苏等地还存在惜售等技术问题，试点地区的排污权交易工作正稳步推进，交易工作实现了日常化、规范化、高效化，交易过程透明、公开，基本形成了运行有序的排污权交易市场。和排污权有偿使用相比，排污权交易因为能够调动各方积极性，活跃市场，进展相对顺利，除了天津外，得到其他各试点地区的认可。

1. 排污权机构和管理平台建设

排污权有偿使用和交易政策对污染源精细化管理的要求，倒逼试点地区加强能力建设，建立相关机构和管理平台，提升了区域和流域的环境精细化管理水平。各试点的交易系统和结算平台基本建成，纷纷成立了专门的排污权交易储备中心或环境产权交易所等管理机构。截至2016年，已经有7个试点地区设立了独立的排污权交易中心，而且是正处级事业单位。如内蒙古的排污权交易中心设立了4个科20个编制，对有偿使用和交易工作的有序开展、相关技术方法的实践应用提供了管理基础。一些试点省份，如陕西采取网上公开报名、电子公开竞价成交的方式推进排污权交易；湖北目前采取现场竞价的方式，正在考虑推行网上竞价的方式；江苏将有偿使用和交易工作同环境质量与污染物排放总量双控管理相结合，促进了制度设计的科学性；浙江正在总结排污权交易在环境管理体系中的作用。

在浙江、江苏、河北、湖南等地区，重点污染源的自动监控和排污权交易工作高度结合，掌握了污染源排放的海量数据，对污染源实时排放情况掌握的精细程度远远超过一年仅开展数次监督性监测的地区。浙江、山西等省份还在此基础上建成覆盖全省重点污染源的自动监控体系，围绕"稳传输、强执法、严质控"的总要求，创新监控思路、执法新方法，强化在线监控数据在环境执法中的应用，通过规范污染源排放的计量与管理，完善交易机制，创新了"刷卡排污""天眼管理""微信举报"等管理机制，实行在线监控数据小时超标处罚，在严格执法上更进了一步。

重庆为进一步加强污染源精细化管理，在全市范围内开展环境监管网格化管理模式。按照"企业主体、属地管理""谁主管、谁负责""谁审批、谁负责""分级管理、上下联动""分工负责、责任到人"的基本原则，建立起"区县（自治县）人民政府部门—街镇园区—村社"四级网格化监管体系，明确负有环境监管职责的部门（单位）的监管任务，逐一落实网格责任人。同时，重庆还建立了排污权动态台账，使总量减排决策更加科学化，通过排污权注册登记制度，形成企业排污权核定、登记、使用、清缴、储备、抵押、减免、缓缴和政府账户管理等信息库，并在环保部门实现建管、许可证、固管、排污费核定征收及排污权交易等数据综合利用，为环保部门开展排污权规范化、精细化管理提供基础支撑。对于政府储备排污权和企业持有排污权，分别从哪儿来，到哪儿去，政府和企业都可通过系统获得有关信息，情况"一目了然"，工业企业主要污染物排放总量均可以通过精确计算确定，总量决策"有凭有据"。

总体而言，近年来开展排污权有偿使用和交易试点的地区，大多能够实现政策联动、制度联动、企业联动、区域联动、监管联动，在环境精细化管理上比未开展试点工作的区域要更进一步。

2. 推动区域流域污染减排

部分试点地区将有偿使用和交易工作与区域污染减排、企业达标排放紧密结合，形成了以行政监管手段为主、市场手段为辅，"有张有弛"的污染源管理体系，一方面推动了区域和流域的污染减排，另一方面提升了企业的经济效益，调动各方参与环境共治的积极性。

重庆为进一步规范环境管理，提高环境监管水平，落实参与试点的企业主体责任，2013 年制定了《关于印发环境保护四清四治专项行动工作方案的通知》(渝环发(2013)89 号)，开展环境保护"四清四治"(清理"环评、三同时"，治理违法建设；清理排污许可，治理违法排污；清理风险源，治理安全隐患；清理监管点，治理监管缺位)专项行动。通过"四清四治"专项行动推进各级环保部门进一步履行环境监管职责，全面彻查行政审批、风险防范、检查执法方面存在的问题，杜绝管理漏洞，最终实现"环评、三同时"全覆盖、排污许可证全覆盖、风险防范全覆盖、环境监管全覆盖；实行污染淘汰机制，推动排污单位进一步落实环保主体责任，切实督促企业完成污染治理，严查环境违法行为。

湖南在管理过程中按照"先减排、再补助""补助资金与减排量挂钩"的原则，将收取的排污权有偿使用费用于污染治理，在安排环保治理资金的同时收回减排指标，支持企业的减排行为。2015 年湘潭市下发《关于环境保护专项资金实施排污权储备交易工作的通知》，规定所有下达给排污单位的环保治理资金都要同步实施排污权回购储备，排污单位申报资金的数量要与预期的减排量严格挂钩。这一资金下拨新模式激发了资金的环境效益，有效地推动了污染削减，改善了环境质量。

河南为破解资源环境瓶颈制约，自 2012 年起开展了主要污染物总量预算管理，量化环境资源，在强力削减污染物存量的同时，控制污染物新增排放量，明确各地年度可用于经济社会发展的主要污染物总量预算指标，为总量减排从"工程减排、结构减排、管理减排"向"控制增量、减少存量、提高质量"方向推进提供了依据。2014 年，河南省政府修订了《河南省重点污染物排放总量预算管理办法》（豫政〔2014〕94号），明确了建设项目所需重点污染物新增排放量的来源，进一步把总量预算管理与排污权有偿使用相结合。同时，强化企业事中事后监管，实行许可动态管理，印发了《河南省排污许可证分级管理办法》（豫环文〔2015〕153 号），依据重点源自动监控数据和公开发布的监督性监测数据，每月网上公示持证企业的主要污染物排放数据，接受社会各界的监督，对持证企业进行动态管理，规范持证企业的排污行为，控制和减少污染物排放。

3. 拓展生态环保资金筹措渠道

排污权有偿使用制度在试点地区的实施，有助于地方拓宽生态环保资金筹集渠道，进而能够集中财力，解决区域性和流域性重点关注的环境问题。

重庆开展了乡镇污水处理设施纳入排污权交易的探索。由市级层面成立重庆环境产业投资集团公司，出台了《重庆市乡镇污水处理设施建设运营实施方案》，明确由重庆环境产业投资集团公司以 PPP 方式推进乡镇污水治理，并将乡镇污水处理设施削减污染物纳入交易市场，交易收益专项用于乡镇污水处理厂的运行维护，实现了环境资源和资本在城乡之间的有序流动，为切实解决乡镇环保资产碎片化和沉淀问题提供了新的思路、途径。

湖南开展了社会资金实施污染治理，参与排污权交易的机制鼓励环保公司（即社会资金）出资，为排污单位实施污染治理或运营其现有治污设施，帮助排污单位摆脱治理技术、治理资金等方面的制约；允许环保公司获得该项目腾出的排污权指标的处置或转让资格，环保公司可以通过将获得的排污权指标在市场上交易，回笼前期投入资金。目前，汨罗市试点的八里纸厂水污染治理工程已初步完成，企业污染治理设施正常运转，污染物稳定排放。

浙江通过排污权有偿使用和交易，实现了环保资金由财政拨付机制向市场和政府相结合机制的转变。试点以来，浙江排污权有偿使用和交易总金额达 50.65 亿元，增加了生态环保资金的投入。

4. 排污权交易机制内容创新

在排污权有偿使用和交易的试点实践过程中，各试点地区也涌现出了大量因地制宜的创新政策，充分结合了国家对绿色金融的号召，严格开展污染源的监督管理，提升了环境治理的水平，实现政策联动、执法联动、区域联动。

重庆为规范交易行为，成立了排污权交易管理中心、资源与环境交易所双重机构，前者负责区域总量平衡、排污权指标管理污染源动态更新调查等管理性工作；后者则负责发布交易信息组织竞价交易、公开交易结果等市场性工作。

浙江、山西、重庆、湖南、内蒙古等多地初步建立了排污权抵押贷款投融资机制。排污权抵押贷款是资源有偿、环境有价的发展新理念，把排污权作为一种新的融资担保方式引入金融信贷领域，能够达到既改善环境质量又解决企业资金压力和融资难题的效果。试点地区以排污权作为担保物进行抵押融资，与银行等金融机构携手互动，解决企业短期融资困难问题，开辟了融资新渠道，使排污权由行政许可属性转变为生产要素属性，提高了企业排污权的资产性和流动性，推动排污权市场的全面构建。

另一方面，排污权抵押贷款政策性投融资机制的实施，有利于银行、企业、政府三方形成良性互动，能有效缓解企业发展面临的资金压力，共同推进绿色发展、产业转型，同时也强化社会各界对排污权"物权、财产性"的认识，对于推动企业节能减排、排污权交易市场机制建设和低碳金融发展等具有重要意义。

为有效管理排污权流转，重庆参照证券交易等金融资产等级制度，推行了排污权注册登记制度，建立统一的排污权登记管理平台对企业排污权核定、登记、使用、清缴、储备、抵押、减免缓缴和政府账户进行一体化管理。重庆还在学习借鉴排污费征收稽查、社会保险稽核等成熟经验的基础上，结合试点工作实际，制定出台了《重庆市排污权有偿使用和交易稽核暂行办法》（渝环发〔2015〕63号），开展排污权有偿使用和交易稽核工作。该稽核办法对稽核实施、稽核方式、稽核内容、稽核程序、稽理及责任追究等事项进行了统一规范，稽核内容突出逆向监管稽核内容，覆盖排污权有偿使用和交易全过程和各环节，稽核处理突出环境管理正向逆向协作、上下互动和部门联动。

为盘活排污权，浙江还创新试行了排污权租赁机制。针对企业因生产经营波动而产生短期内排污权指标的闲置情况，嘉兴平湖等地率先探索开展排污权租赁，既解决受让企业短期生产需求，又能为出让企业带来实实在在的经济效益，充分发挥排污权交易市场机制的灵活性。截至2015年底，浙江省嘉兴、温州、金华等地共开展排污权租赁504笔，租赁金额1178万元。浙江、湖南等地相继开展了刷卡排污试点建设，进一步加强污染物排放总量监管，使环保部门对企业的监管由浓度控制向浓度、总量双控转变。另外，核准企业的污染物实际排放量，也能督促企业"持权排污""按权排污"，扩展排污权交易的需求方范围。山西也开发了类似的IC卡动态管理系统，先后分两批为150家重点排污企业安装总量控制仪，按照"年初充值、年末核算、实时扣减、超量警告"的原则，探索污染物排放总量IC卡动态管理系统。

排污权交易试点工作的开展体现了资源环境的稀缺性，通过对建设项目排污权的控制与交易，侧面推动了产业转型与产业升级，在一定程度上发挥了市场配置环境资源的作用。如排污权的交易，在山西，65%的交易发生在企业和企业之间，35%的交易发生在企业与政府的储备指标之间，由此可见，企业和企业市场交易的活跃度大大超过政府与企业之间的交易。另一方面，也通过政策的实施宣扬了《生态文明体制改革总体方案》中树立的自然价值与自然资本观念，增强了地方政府和企业的生态环境意识，有效支撑了治污减排和生态建设的大局，为新常态下构建"政府统领、部门协作、企业施治、市场驱动、公众参与"的生态环境保护共治新机制奠定了良好基础。

五、排污权交易试点暴露出的实践问题

排污权交易引入我国后，国家日益重视、地方积极探索，交易模式呈现出多样化的特点。11 个试点地区，除了天津外，其他地区的交易笔数虽然有些不同，但还是有热情，企业的积极性很高，地方政府也乐意在这方面多做一些工作。加上交易所追求盈利，创造条件予以促进也是重要的原因。总的来看，试点地区的文件制定、平台构建、组织建设都侧重这方面。从交易价格来看，经济发达地方的交易价格高些，落后地方的交易价格低一些。

在排污权有偿使用方面，浙江、湖南、重庆等省（自治区、直辖市）推行力度大，适用于所有的新老企业，工作超前，如湖南目前已有70%的企业缴纳了排污指标使用费。但是其他地区却遇冷，出现两个现象：一是仅在或者仅准备在新改扩排污单位试行。如内蒙古已经在新改扩建项目上推行，但是项目比较少；江苏以前对新老企业全部有偿出让，"十二五"时期有所停滞，2014 年起对新企业开始推行。二是没有推行或者根本推不动。如天津没有推行排污权有偿使用。原天津市环境保护局的相关人员认为，天津市的环境管理方式与其他地方不一样，天津的排污收费标准已经大幅提高，平均提高了 9.5 倍，相当于把指标费揉进了排污费。天津、山西等地区认为，排污权有偿使用的试点目的不是征收费用，不是提高财政收入，而是既减少企业负担，也促进环境保护，现在提高排污费标准可以达到这一效果，无必要再推进排污权有偿使用；湖北虽然提出要搞排污权有偿使用，甚至出台了有关办法，但是目前实施不了，因为 2015 年该省的排污收费标准提高了一倍，加上经济下行，要减轻企业的负担，困难很大；江苏和河南环境保护系统内部对排污权的作用也有怀疑的声音。原天津市环境保护局的相关人员提出，在有利于环境保护的措施中与其强制推行排污权有偿使用，不如让企业自愿选择。原山西省环境保护厅的相关人员提出，排污权有使用年限，一些企业不愿意购买，地方不愿意推行，希望国务院重视。其他部分试点省份也提出同一问题，如原陕西省环境保护厅的相关官员提出，排污权有偿使用目前推行不下去。

值得注意的是，各省对排污权有偿使用认识不一，很多省份提出，排污权有偿使用这项工作要搞，但是在目前经济不景气的情况下，地方基础不一样，不要着急，应当给地方一定的回旋期。但部分省份忽视了排污权作为生产要素的价值，忽视了有偿使用是对资源的有价观念的体现，未按照《指导意见》要求开展试点工作。从包括湖北省在内的排污权交易试点情况来看，排污权交易在我国的发展还存在一些问题。

1. 立法效力级别低

完备、明确的法律依据是所有排污权交易政策有效实施的基础。以美国为例，长达400多页的《清洁空气法案》1990年修正案充分体现了美国法律条款详细、具体的特点，明确规定了排污权交易制度及其运作规程，制度在全国范围内的推行畅通无阻，在实践中取得了比预期效果更为理想的成效。然而，我国排污权交易制度的立法缺失是排污权发展急需解决的问题所在。由于目前排污权交易的实践依据只是国务院有关排污权交易试点的指导意见，一些省份如山西、河南、江苏等只是相继出台了一些地方性的排污权交易法规，湖北省只是出台了《湖北省主要污染物排污权交易办法》，并没有出台相关法规。在国家层面上还没有针对性的立法，这导致在实践中排污权交易的边界和条件都不够清晰。

第一，政策适用的污染物种类不统一。山西、内蒙古、重庆、陕西、浙江等大部分地区针对四项污染物(二氧化硫、氮氧化物、化学需氧量、氨氮)开展排污权有偿使用和交易；河南仅三门峡地区针对二氧化硫，平顶山地区针对化学需氧量开展试点。此外，湖南覆盖了七项污染因子，将铅、镉、砷三种重金属污染因子纳入有偿使用范围；重庆将一般工业固体废物纳入试点范围；山西还加入了烟尘和工业粉尘两项污染因子。哪些污染物适用于有偿使用政策，哪些污染物适用于排污权交易政策尚不够明确。

第二，政策适用的范围不统一。浙江、山西、内蒙古、湖南等地全省域推行排污权有偿使用和交易政策；陕西仅对省内新改扩建项目开展试点；河南目前还在洛阳、平顶山、焦作、三门峡等少数试点开展排污权交易；天津仅对钢铁、火电、纺织、造纸等6个行业79家企业开展排污权核定。

第三，开展排污权交易的污染介质与条件不明确。业界相对认可大气污染物的排污权交易，对水污染物排污权交易持质疑态度。在美国，水质交易并不活跃，因为与大气的均质排放情况不同，河流的污染排放是非均质的。大型湖泊、大流域的上下游是否可以交易，污水处理厂之间是否可以开展交易，如何交易等条件尚不明确，学界争议也较大。

排污权交易的推行是一个系统工程。它牵涉到大量的立法工作，需要省生态环境主管部门和立法部门进行协调。从选定污染控制项目、确定增加单位，到确定许可证的总量、许可证的初始分配，一直到许可证的交易和年度审核，有一系列的工作要做。而上位法的缺失给地方立法带来了不可预知的政策风险。

2. 理论研究支撑不足

排污权有偿使用和交易制度实施的关键技术存在难点，现有的理论研究尚未对政策实施提供有效支撑，主要体现在权利属性不明确，财产权安全受质疑；各地开展初始排污权分配和出让定价的方法差异较大，采用的方法五花八门；交易与环境质量的关系未理顺这些方面。

首先，排污权的权利属性不明确。"排污权"的概念未获得法律授权，排污权究竟是政府的行政许可还是企业的无形资产，法律界定不明。我国现行法律法规只是明确了一切单位和个人有保护和改善环境、防治环境污染和破坏的义务，没有明确规定有向环境排放基本污染量的权利；对单位和个人超额治理污染的行为，法律规定可以给予奖励，但法律上没有创设可用于交易的富余排污权的概念；我国法律既没有承认有权出卖其富余排污权的卖方，也没有承认有需要购买排污权的买方；我国法律既没有创立排污权交易的市场规则，也没有规定排污权交易市场的管理机构。排污权属于谁、是否属于用益物权、排污权是否可以抵押等缺乏法律规定，阻碍了排污权交易市场的发展。所有试点省份都提出了这个问题。湖南提出，该省推行了排污权抵押贷款制度，但是却希望国家出台相关法律；排污权到期之后是否续费，需要法律规定。企业通过有偿使用获得的排污权缺乏法律保障，政府对企业的排污权是否拥有回收的权利并不明确。在部分试点地区如内蒙古，对企业闲置不用的排污权采用的是回购的方式；但在另外一些地区，企业关停后，其排污权由政府无偿收回，排污权的财产安全性受到质疑。另外，湖南等省份反映，企业缴纳了排污指标费，获得了排污权，但是国家没有颁发相关的证明文件对这一权利予以确认。因为税务制度改革，缺乏相应的税目，销售排污指标的单位难以开具交易发票。

其次，初始排污权分配和出让定价的方法差异大。各地的经济条件不同，初始排污权分配和出让定价的方法有差异很正常，但是定价的理论方法差异不宜过大。浙江、江苏等省份较早开展初始排污权分配，确权时结合了企业的实际排放情况、总量控制指标、环评批复量以及排污许可量等多种数据；重庆、河南等试点开展相对较晚的省份正在研究确权方法，更倾向于采用定额标准或者行业排放绩效的方式予以确权。各地区的出让定价方法则更为复杂，有直接采用恢复成本法进行测算的，也有采用环境资源定价方法估算的，较晚开展试点的省份也有直接借鉴其他省份初始价格的。

再次，对现有企业开展初始排污权分配和出让，遇到了现实条件的阻力。在经济下行的压力下，地方政府对老企业的初始排污权分配和出让定价如何处理，争议相当大。一些地方经济条件好，如浙江，排污权出让价格高一些；但一些经济基础弱的省份为了对现有企业推行初始排污权分配和出让工作，定价相当低，如河南对老企业的初始排污权分配和出让全部免费，湖南仅为每吨200多元；河北也正在采取就低不就高的方法力推。这也是可取的办法。随着全球和国家经济形势的不断好转，在排污权到期时，可以适当提高标准。

第四，排污权交易与环境质量的关系未理顺。排污权交易本身并不能直接改善环境质量，但在政策设计中，排污权交易结合有偿使用，配合区域总量控制制度能够间接削减污染物，改善环境质量。但目前开展的排污权交易很少论证是否会导致集中排污、局部环境质量恶化的情况出现。

3. 污染源管理配套制度不健全，保障能力不足

排污权有偿使用和交易政策对污染源环境管理的能力建设要求较高，从规则设计、计量、监管、与其他政策衔接等方面来看，目前的污染源管理配套制度还不健全、保障能力不足，妨碍了试点工作进一步开展。

规则设计方面：排污权使用费如何征收、征收后如何使用、交易规则如何制定、排污权如何使用等问题未得到全面解决，顶层缺乏可操作规范，各试点地区在实施过程中也未能计量。企业污染物排放量的准确和监测计量的及时是实施排污权交易制度的基础能力，但目前不论是监督性监测数据还是在线监测数据都饱受质疑，企业的其他自测数据更难以成为执法依据，数据造假、计量设备未通过质量认证等问题成为制约政策发展的重要阻碍。另一方面，污染源连续监测和联网还未做到全覆盖，而且现在的在线监控、监督性监测、自测等数据侧重于达标监测，缺少排放量监测和统计，而且监测设施运行情况良莠不齐，监测数据时常不一致，真实性、及时性难以保证，准确性有待进一步提高。数据信息的不充分会降低企业参与排污权交易的信心，也不利于政府和社会公众对企业守法程度形成有效监督。

监管方面：排污权交易对现场检查、违法处罚等环保监管的基础工作提出了更高要求。而目前管理技术规范尚未建立，在线监测和刷卡排污数据的法律地位有待提升，国家层面对超标排放处罚、超总量执法处罚尚无具体规定，实施起来难度较大。对违法排污行为的监管手段和方法不多，对总量超标行为没有处罚办法和法律依据，无法形成有效的监管。对拒不缴纳有偿使用费的企业亦无合法的、足够的强制措施。另外，一些地方执法不力、偷排严重、数据造假妨碍制度有效实施。在很长的一段时间内，存在着污染物排放源的监测数据和地方政府的环境质量数据双重造假的问题。河南提出，排污权有偿使用和交易工作必须和清理违法违规企业结合起来，2015年发布的《生态环境监测网络建设方案》正在改变这个状况，但要实际收到效果尚需一段时间。偷排行为与执法不力问题的存在，使得违法成本低于守法成本，排污企业没有交易的积极性与动力。偷排行为还使得排污权交易的总量控制效果难以体现，区域的容量控制、总量控制成为数字游戏。数据造假问题的存在使得计量无法真正落实，排污权交易流于形式。另外，现有的环保法律及监督管理过分关注大企业、重点污染源，而长期忽视直排现象严重的小企业。环保工作开展这么多年以来，火电、钢铁、冶炼、造纸等行业的大企业的环境行为越来越规范，小企业却长期缺乏监管，因此其并无参与排污权有偿使用和交易政策的积极性。中央环境保护督查组2016年1月去河北省督查时，发现小散乱污的现象广泛存在，就说明了这一点。河南等地的情况不容乐观。

与其他政策衔接方面：目前实行的各项环保政策制度，没有给出排污权买卖双方一个明确的政策预期，地方对于排污权有偿使用和交易这个经济手段的作用关注度和信心不足。对于减排企业，在完成减排任务后，对其拥有的排污权量的变化应如何进行认定，没有方法。另外，排污权有偿使用制度与排污收费制度、排污许可证制度、环境影响评价制度、"三同时"制度等减排政策的关系，仍然没有明确的政策文件对其加以规定，使得试点工作在这方面把握不清，基本上是"摸着石头过河"。

4. 信息公开、平台建设不完备，公众参与不足

排污权有偿使用和交易工作面临着海量数据的收集、处理与信息发布工作，需要有专职的机构、平台进行管理。目前在试点地区，信息公开、平台建设、公众参与等情况不完备、不均衡，还需要进一步改进，才能够发挥企业、社会、市场、政府的共治作用。从平台建设来看，以浙江为代表的精细化管理地区，已经将排污权管理平台与其他污染源管理平台相结合，组建集自动监测、刷卡排污、总量管理、环境统计、移动执法、视频监控为一体的"环保天眼"管理系统，将多套分散的环保业务数据进行有机融合，真正将平台与污染源管理的实际结合起来。河南的管理平台虽然还在建设过程中，但也将总量预算、排污许可、排污权有偿使用与交易等政策融合，形成"五合一"的综合管理平台，其理念向精细化管理迈进了一步。而山西、内蒙古、湖南、陕西等地建设的信息平台，功能则比较简单，主要服务于排污权有偿使用和交易政策自身。天津、重庆等地则是直接依托产权交易所的信息平台，进行拍卖、竞价等基础的数据收集与管理，功能相对单一。在信息公开与公众参与方面，各试点地区仅处于起步阶段，公众获取信息的渠道十分有限，政策参与度不高，理念宣传不足，政策尚未在社会与公众中产生影响，这极大地影响了企业参与政策的积极性。

第六章　湖北省排污权交易机制运作现状及完善展望

　　湖北省排污权交易工作在 2006 年就开始了。2009 年 3 月 18 日,湖北省排污权交易在武汉光谷联合产权交易所正式启动,2010 年原国家环保部正式确认湖北作为国家排污权交易试点省份,尝试探索开展排污权交易。经原湖北省环保厅根据湖北省人民政府颁布的《湖北省主要污染物排污权交易试行办法》(鄂政发〔2008〕62 号)的相关规定和要求对相关申请单位的审核,武汉光谷联合产权交易所成为湖北省主要污物排污权交易机构,由其接受原省环保厅的委托搭建全省排污权交易平台。2009 年 3 月湖北环境资源交易中心(原湖北环境资源交易所)得以成立,中心是经湖北省政府批准,以原湖北省环境科学研究院作为发起单位,原湖北省环境科学研究院、武汉光谷联合产权交易所、湖北省辐射环境管理站等单位共同出资设立的全省排污权交易平台。为了贯彻落实《国务院关于清理整顿各类交易场所切实防范金融风险的决定》(国发(〔2011〕38 号),经省政府同意,对原湖北环境资源交易所进行改组,2012 年 10 月,注册了湖北环境资源交易中心有限公司,以公司化模式运营交易。2012 年 11 月,交易中心通过国家清理整顿各类交易所部际联席会议办公室验收。2013 年 6 月,湖北省政府正式批复同意组建湖北环境资源交易中心。

　　围绕建设"美丽湖北",坚持敢为人先、先行先试的理念,在新的形势和常态下,湖北省对建立"排污权有偿使用制度"作出了积极探索。原省环保厅为贯彻落实《国务院办公厅关于进一步推进排污权有偿使用和交易试点工作的指导意见》(国办发〔2014〕38 号),组织制定了《湖北省排污权有偿使用和交易试点工作实施方案(2014—2020年)》,为全省排污权有偿使用和交易指明了方向。该方案指出,到2017年,湖北省排污权有偿使用和交易制度基本建立,试点工作基本完成;到2020年,全面推行排污权有偿使用制度,形成系统较为完备、科学规范、运行有效的排污权交易制度体系。紧接着,又配套修订了排污权有偿使用规章制度。例如:2014年修订的《湖北省主要污染物排污权交易办法实施细则》(鄂环办[2014]277号)及《湖北省主要污染物排污权电子竞价交易规则(试行)》(鄂环办[2014]276号);2015年出台了《湖北省主要污染物排污权核定实施细则(暂行)》(鄂环办[2015]278号);2016年12月出台了《湖北省主要污染物排污权有偿使用和交易办法》(鄂政办发[2016]96号)。这些规范性文件明确规定了实行排污权有偿使用制度,排污单位须通过缴纳使用费或通过市场交易获得排污权。排污权使用征收标准由省物价、财政、生态环境主管部门根据污染治理成本、环境资源稀缺程度、经济发展水平、交易市场需求等因素研究确定。

第一节　湖北省排污权交易制度进展

经过多年来的试点工作,湖北省先后在制度设计、交易组织、市场的交易活跃度等方面做了大量工作。湖北省在国内首次将排污权引入产权交易市场,出台全国首个省级排污权交易地方规章,成立了全国首个独立专业从事排污权交易的公司,也是目前少数持续采用市场化手段营造排污权二级市场的省份之一(见表1)。

表1　湖北省排污权交易试点发展情况大事记

年份	事件
2006	湖北省的排污权研究工作启动。
2008	出台《湖北省主要污染物排污权交易试行办法》(鄂政发[2008]62号)。
2009	湖北省环境资源交易所成立,并完成了首笔排污权交易。

续表

年份	事件
2010	湖北省被财政部、环境保护部批准为首批试点省份。
2012	注册了交易公司,通过国家金融整顿验收。 正式印发《湖北省主要污染物排污权交易办法》(鄂政发〔2012〕64号)。
2013	以公司化运作,重启排污权交易。
2014	省环保厅修订颁布《湖北省主要污染物排污权交易办法实施细则》(鄂环办〔2014〕277号)。 发布《湖北省排污权有偿使用和交易试点工作实施方案(2014—2020年)》。
2016	发布具有重要指导意义的文件《湖北省主要污染物排污权有偿使用和交易办法》(鄂政办发〔2016〕96号)。
2017	颁布《湖北省主要污染物排污权有偿使用和交易工作实施方案(2017—2020年)》(鄂环发〔2017〕19号)。

一、湖北省排污权交易制度体系建设

湖北省排污权交易始终坚持制度先行的工作原则,制定了一批排污权交易的管理制度和交易规则,初步搭建起全省排污权交易的体系框架,为湖北省开展排污权交易试点工作奠定了一定的基础。

2008年10月27日,湖北省政府印发了《省人民政府印发湖北省主要污染物排污权交易试行办法的通知》(鄂政发〔2008〕62号)。这个试行办法是我国首个省级政府制定出台的排污权交易的地方性规章,同时也标志着湖北省排污权交易工作全面启动。根据《湖北省主要污染物排污权交易试行办法》,原湖北省环保厅制定并出台了《湖北省主要污染物排污权交易办法实施细则(试行)》《湖北省主要污染物排污权交易规则(试行)》《湖北省主要污染物电子竞价交易规则(试行)》和《关于委托武汉光谷联合产权交易所为我省主要污染物排污权交易机构的函》,从排污权分配和管理、交易主体资格审查、交易方式及流程、监督管理等多个方面对排污权交易进行了规范,保障了排污权交易的有序开展。原湖北省环保厅、湖北省财政厅、湖北省物价局联合出台了《关于排污权交易手续费收费标准的通知》(鄂价费[2009]89号)、《关于制定排污权交易基价及有关问题的通知》(鄂价费[2009]141号)和《湖北省主要污染物排污权出让金收支管理暂行办法》(鄂财建规[2009]4号)等文件,确定了排污权交易基价确定、交易服务费收取、排污权出让金收支等标准。

2012年初,原湖北省环保厅又根据"十二五"减排的相关要求,会同相关部门对《湖北省主要污染物排污权交易试行办法》进行了重新修订,并以《关于呈报湖北省主要污染物排污权交易办法的请示》(鄂环保文[2012]99号)报省人民政府,将氨氮和氮氧化物纳入了排污权交易体系,受让方扩大到市、州以上的新建、改建、扩建项目等,并且新增主要污染物年度排放许可量的排污单位。其规定"需在项目竣工、环境保护验收前,根据环境影响评价批文确认的排放量,申购并取得相应的排污权,交易基价由湖北省物价、财政、环保等部门根据湖北省主要污染物治理的社会平均成本、环境资源稀缺程度、经济社会发展水平和交易市场需求等因素测算研究制定"。2012年8月21日,湖北省人民政府正式印发了《湖北省主要污染物排污权交易办法》,标志着湖北省的排污权交易进入一个全面独立开展的阶段。

2014年,为贯彻落实国务院办公厅《关于进一步推进排污权有偿使用和交易试点工作的指导意见》(国办发[2014]38号)、《湖北省主要污染物排污权交易办法》(鄂政发[2012]64号),切实推进湖北省排污权有偿使用和交易试点工作,指导湖北省排污权交易健康发展,原湖北省环境保护厅印发《湖北省污染物排放权交易办法实施细则》(鄂环办[2014]27号)。2016年11月20日,湖北省人民政府办公厅印发《湖北省主要污染物排污权有偿使用和交易办法》(鄂政办发[2016]96号)。2017年2月17日,原湖北省环保厅研究并制定了《2017年湖北省排污权有偿使用和交易试点工作要点》(鄂环办[2017]18号)(以下简称《要点》），2017年是排污权有偿使用和交易试点工作的最后一年，《要点》中明确2017年重点加强排污权核定与管理工作，加快实行排污权有偿使用，构建排污权储备制度，进一步推进排污权交易。2017年前期在湖北省全省火电、造纸等行业开展排污权有偿使用费的征缴试点工作，鼓励有条件的市（州）开展其他重点行业的此项征缴试点工作，并于2017年底前在全省建设基本完善的排污权有偿使用工作机制。

原省环保厅《2018年全省环境保护工作要点》（鄂环发〔2018〕5号）中提出，全面实施第二次全国污染源普查，加快推进排污许可制工作。按照国家要求，完成石化等6个行业许可证核发，开展固定污染源清理整顿和15个已发放行业执法检查，继续整合衔接环境影响评价、总量控制、环保标准、排污权有偿使用、排污收费等管理制度，完善生态环境监测网络。

原省环保厅办公室《湖北省环境保护厅2018年全面深化改革工作要点》（鄂环办〔2018〕30号）中提出加快推进排污许可制改革，按照国家要求，由环境影响评价处牵头完成石化等6个行业许可证核发，开展固定污染源清理整顿和15个已发放行业执法检查。继续推进全省排污权有偿使用和交易试点，由规划财务处牵头，深化排污权交易试点，发展排污权交易二级市场，并由环境监察总队牵头，落实环保信用评价制度，完善环境信用体系，健全企业环境信用与信贷、税收等挂钩的激励奖惩机制。

原省环保厅办公室《湖北省环境保护厅2018年政务公开工作要点》（鄂环办〔2018〕57号）中关于排污许可管理，由环评处牵头落实，加强全省排污许可管理信息公开。依照《排污许可管理办法（试行）》规定向社会公开排污单位申请信息、已核发排污许可证信息，指导市州及时向社会公开排污单位申请信息、已核发排污许可证信息。

2019年湖北省生态环境厅下发《关于深化排污权交易试点工作的通知》（鄂环发〔2019〕19号）要求全省生态环境主管部门加强主要污染物排污权的核定工作，切实做好排污权交易与主要污染物总量控制、环评审批、排污许可证管理等制度的衔接工作，进一步规范和激活排污权交易市场，加强监督管理。

二、湖北省排污权交易价格管理

在启动排污权交易之前，原湖北省环境科学研究院会同湖北省物价局组织开展全省主要污染物治理成本研究工作。通过选取造纸、医药、印染、食品等行业的企业及相关火电企业，进行初步测算化学需氧量、二氧化硫等主要污染物治理的社会平均成本，调查测算湖北省主要污染物年治理成本。根据湖北省经济发展状况，本着"低价起步，逐步到位"的定价原则，由湖北省物价局、湖北省财政厅、原湖北省环保厅共同制定了湖北省主要污染物排污权交易基价。湖北省的排污权交易基价按照政府定价的方式执行，遵循"低步起价、逐步到位、促进湖北省排污权交易健康持续发展"的原则，后续交易基价按照一个时段（连续四次以上交易）交易成交最高价加权平均测算确定。

2009 年 3 月，湖北省物价局、湖北省财政厅、原湖北省环保厅联合发布了《关于制定排污权交易基价及有关问题的通知》（鄂价费［2009］88 号），明确规定湖北省排污权交易基价按化学需氧量每吨 2000 元、二氧化硫每吨 1600 元，由有关交易机构通过电子竞价等方式实施交易。同年 5 月，湖北省物价局、湖北省财政厅、原湖北省环保厅联合出台了《关于排污权交易基价及有关问题的通知》（鄂价费［2009］141 号），进一步明确了湖北省排污权交易基价的定价原则，即按照"低步起价、逐步到位、促进我省排污权交易健康持续发展"的原则，排污权交易基价以上一次竞价成交最高价为基价，由有关交易机构通过电子竞价的方式实施交易。

2011 年 10 月，湖北省物价局和湖北省财政厅联合印发《关于排污权交易基价及有关问题的复函》（鄂价环资规函［2011］137 号），明确规定了根据《湖北省主要污染物排污权交易试行办法》（鄂政发［2006］2 号）、《关于制定排污权交易基价及有关问题的通知》（鄂价费［2009］8 号）和《关于排污权交易基价及有关问题的通知》（鄂价费［2001］41 号）的有关精神，规定了湖北省排污权交易的种类为化学需氧量和二氧化硫,并提出了排污权交易基价的确定方法,即按照一个时段(连续四次以上交易)交易成交最高价加权平均,由原省环保厅审定并报省物价局、省财政厅备案。根据文件要求进行测算,目前湖北省排污权交易基价为化学需氧量每吨8790元、二氧化硫每吨3990元。

2012年12月,湖北省物价局和湖北省财政厅联合印发《关于新增排污权交易种类基价及有关问题的复函》(鄂价环资规函〔2012〕74号),明确规定了根据国家"十二五"期间新增氮氧化物和氨氮两项约束性减排指标文件和鄂政发〔2008〕62号的有关精神,规定了湖北省新增排污权交易的种类为氮氧化物和氨氮,并提出首次交易基价及后续交易基价的确定方法。目前湖北省排污权交易基价为氮氧化物每吨4000元、氨氮每吨14000元。

三、湖北省排污许可证管理

管理好排污许可证是有效推进排污权交易工作的基础,为加强对污染源的监督管理,防治环境污染、改善环境质量,原湖北省环保厅制定并下发了《湖北省实施排污许可证暂行办法》(鄂环办〔2008〕159号),对如何切实做好组织实施工作提出了明确的要求。各地均制定了相关工作方案,强化推进了排污许可证管理工作。2009年5月,原省环保厅下发了《关于进一步加强排污许可证发放工作的通知》(鄂环办〔2009〕34号),再次强调了排污许可制度的重要意义和工作方法。各地环保部门也成立了排污许可证管理工作领导小组,结合本辖区实际情况,制定了配套的排污许可证暂行办法,明确了部门职责,并将排污许可与总量控制有机结合起来,通过排污许可证管理,进一步规范了企业的排污行为。2014年5月29日,为进一步推进湖北省排污许可证管理工作,实行企事业单位污染物排放总量控制,研究解决当前工作中存在的问题,原湖北省环境保护厅办公室,颁布《关于开展"十二五"以来全省排污许可证发放管理情况调查工作》(鄂环办〔2014〕165号)的通知,这对及时掌握排污许可证的发放情况、建立全省排污许可证基础数据库、研究解决工作中存在的突出问题具有重要意义。2018年1月10日,原环境保护部颁布了《排污许可管理办法（试行）》（环保部令第48号）。该管理办法于2017年11月6日由原环境保护部部务会议审议通过，其中规定了排污许可证核发程序等内容，细化了环保部门、排污单位和第三方机构的法律责任，为改革完善排污许可制迈出了坚实的一步。

四、湖北省排污权交易信息服务保障机制建设

湖北省积极探索排污权储备和交易机构的运作方式，加强能力建设。一是完成湖北省排污权有偿使用和储备管理系统的建设工作。建设内容主要包括建设项目总量指标审核管理系统、排污权核定与分配管理系统、排污权有偿使用系统、排污权储备管理系统、排污权交易管理系统、排污许可证数据获取系统和客服培训支持系统部分。管理系统基本实现全省建设项目总量指标管理、初始和富余排污权的核定管理及有偿使用管理、实时查询企业排污权核定及交易情况等功能。二是完成省环境资源交易中心优化升级交易平台。平台主要包括以下子部分：交易子系统、结算子系统、会员管理子系统、数据交换子系统、信息发布子系统以及其他配套功能，接口部分已完成，与储备管理平台、公共资源平台、环交中心门户网站、环科院网站和银行的接口对接已完成，已于2019年12月正式运行。

通过对湖北省排污权试点经验的总结，可以看出湖北省在进行排污权交易时仍然是以一级市场为主，二级市场刚刚兴起。排污权交易的深入发展有赖于良好的二级市场运行机制，通过总结，湖北省实施排污权交易的机制如下图：

图1　湖北省排污权交易机制——一级市场

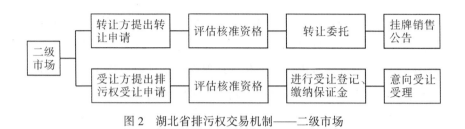

图 2　湖北省排污权交易机制——二级市场

第二节　湖北省排污权交易实施状况

一、典型试点城市排污权交易情况

1. 荆门

荆门市是一个曾以石化、能源为工业底色的城市，其石油、化工、电厂、水泥产业集聚，煤矿、磷矿、石膏矿无序开采，生态负荷日趋加重，大气、水质、土壤污染十分严重，人均生态赤字与北京、上海等特大城市基本持平。2007 年，荆门入选国家循环经济试点市。2016 年，荆门被国家发改委、财政部、住建部批准创建国家循环经济示范市。循环经济理念融入该市产业发展和城乡基础设施建设，构建起以工业、农业、服务业为支撑的循环型产业体系，资源节约和环境友好的经济方式被普遍推广。为贯彻落实《湖北省主要污染物排污权交易办法》，根据原湖北省环保厅《关于加快推进排污权交易试点工作的通知》（鄂环办[2014]125 号）要求，湖北环境资源交易中心有限公司于 2015 年 12 月 24 日在光谷资本大厦组织开展了荆门市 2015 年度大气污染物排污权交易及水污染物排污权交易，此次交易电子竞价成交分别如下：参与此次交易的企业有 9 家，最终成交化学需氧量 153.106 吨、氨氮 20.194 吨、二氧化硫 119.345 吨、氮氧化物 1582 吨，交易基价分别为 8790 元/吨、14000 元/吨、3990 元/吨、4000 元/吨。

2017 年 8 月 22 日，受原荆门市环保局委托，湖北省环境资源交易中心在原荆门市环保局组织开展了荆门市 2017 年度第二次主要污染物排污权专场交易活动。此次参加交易的企业共 9 家，最终成交化学需氧量 2.768 吨、氨氮 0.217 吨、二氧化硫 16.7634 吨、氮氧化物 2424 吨，成交金额 48.19 万元。其中，化学需氧量最高成交价 20040 元/吨（溢价率 128%）、氨氮最高成交价 73000 元/吨（溢价率 421%）、二氧化硫最高成交价 36690 元/吨（溢价率 819.5%）、氮氧化物最高成交价 14900元/吨（溢价率 272.5%）。

2. 鄂州

2015 年 11 月 6—7 日，鄂州市作为全省排污权交易试点城市，首次在武汉光谷联合产权交易所举行了主要污染物排污权竞买专场交易会。湖北葛店人福药用辅料有限责任公司、湖北大通运业股份有限公司等 19 家企业分两批次参加了此次交易。此次交易受让标的为化学需氧量、氨氮和二氧化硫排污权指标，交易基价分别为 8790 元/吨、14000元/吨和 3990 元/吨。交易采用电子竞价的方式进行，竞买方按照核准购买量在交易时间内按规定幅度加价进行竞价交易，交易结果按"价格优先、时间优先"的原则确定。最终成交化学需氧量 2586 吨、氨氮0614 吨、二氧化硫 2591 吨。在本次鄂州交易专场上，化学需氧量、氨氮和二氧化硫最高成交价分别为 34140 元/吨、59100 元/吨和 9040元/吨，溢价率分别达到 288%、322%、127%。

3. 咸宁

根据《国务院关于加强环境保护重点工作的意见》（国发〔2011〕35号）、《湖北省主要污染物排污权交易试行办法》（鄂政发〔2008〕12号）和《湖北省主要污染物排污权交易办法》（鄂政发〔2012〕64 号）及其他相关环境保护法律法规，原咸宁市环境保护局和咸宁市国有资产监督管理委员会按照咸宁市领导批示和《咸宁市公共资源交易运行管理办法》等有关规定，成立了咸宁市排污权储备交易中心。其具体排污权交易工作平台设在咸宁市公共资源交易中心。同时，2012 年原咸宁市环境保护局拟定了《咸宁市主要污染物排污权交易办法（试行）》（咸环保文（2012）109 号），该办法适用于咸宁市行政辖区内进行化学需氧量

（COD）、氨氮（NH₃N）、二氧化硫（SO₂）、氮氧化物（NOx）四项主要污染物排污权有偿交易的管理。主要污染物排污权交易遵循自愿、公平、利于环境资源优化配置、环境质量逐步改善的原则，采取政府指导下的市场化运作方式。其中，咸宁市生态环境主管部门与市国有资产管理部门共同组织成立咸宁市排污权储备交易中心，搭建交易平台和制定交易规则，负责可交易削减量核查、排污权交易证的登记、发放和变更工作，为排污权交易提供场所、设施、信息、交易等服务，履行交易鉴证职能。

2015 年 6 月 24 日，原咸宁市环境保护局组织相关企业在湖北省光谷联合产权交易所成功举办首次湖北省地市级污染物排污权竞买交易会。此次排污权交易会是咸宁市举办的排污权交易活动。嘉鱼典雅纺织有限公司、湖北亚细亚陶瓷有限公司等 10 多家企业作为试点单位参加此次活动，共交易化学需氧量 135812 吨、氨氮 32.11 吨、二氧化硫 5737 吨、氮氧化物 32.57 吨，成交总金额 268.22 万元。具体交易信息如下：化学需氧量排污权起拍价是 8790 元/吨，成交最高价 28140 元/吨，9 家企业总成交额 13964 万元。氨氮排污权起拍价是 14000 元/吨，成交最高价 20000 元/吨，8 家企业总成交额 5472 万元。二氧化硫排污权起拍价是 3990 元/吨，成交最高价 9290 元/吨，6 家企业总成交额 47.55 万元。氮氧化物排污权起拍价是 4000 元/吨，成交最高价 9350 元/吨，5 家企业总成交额 26.31 万元。

二、近几年湖北省排污权交易数据分析

根据湖北环境资源交易中心提供的资料数据，自 2009 年湖北省开展排污权交易以来，从 2009 年 3 月 18 日第一笔成交到 2017 年 12 月 27 日止，成交笔数总共为 1479 笔（其中 2010 年和 2012 年无成交数据）。2018 年全年，湖北省累计组织企业开展了 82 次排污权交易活动，总成交金额 1.56 亿元，所有市均组织企业参加了排污权专场交易。其中，咸宁市、黄冈市、荆州市、孝感市、荆门市全年成交金额均超过 1000 万元，成交金额分别为 4535.27 万元、2880.86 万元、1490.97 万元、

1246. 82 万元、1162. 95 万元。与 2018 年同期相比，2019 年上半年参与排污权交易的企业数量增多，全省累计组织排污权交易活动 45 次，565 家排污单位参与交易，成交 1247 笔，参与交易的企业数量较 2018 年同期增加 212 家(增幅 60.01%)。四项主要污染物总交易量 6123 吨，较 2018 年同期下降 2037 吨(降幅 24.96%)；总成交金额 5131. 32 万元，较 2018 年同期下降 437 万元(降幅 7.8%)。

从统计数据来看，除了 2010 年和 2012 年因交易因子及价格因素暂停交易外，2009—2014 年整体交易都处于交易初级较为低迷的阶段。氨氮及氮氧化物排污权从 2013 年才开始交易，但其交易势头较为迅猛，2015 年及 2016 年年交易量均达到 2013 年的 10~15 倍，2017 年是前两年年交易总笔数的 2 倍。在 2013 年到 2017 年这五年间，SO_2 及氮氧化物两种污染物的排污权交易都较为活跃。SO_2 积累成交量高达 1051983 吨，位居四种主要排放物交易量的首位。其次是氮氧化物，排污权交易成交量达 820089 吨，二者且均从 2014 年开始快速增加。这与我国政府 2013 年 6 月颁布的《国务院大气污染防治十条措施》在湖北省的推进与实施密切相关。大气防治措施的严格要求和环保标准的提高增大了市场对 SO_2 及氮氧化物两种污染物排污权的需求，反过来又吸引更多的企业进入交易市场提供供给，从而极大地活跃了整个市场交易。

不仅 COD 及 SO_2 的交易笔数在 2017 年增长到前期的 3~4 倍。2017 年湖北省年交易金额较其他年份高，且其值与前四年总和相当。2017 年处在一个排污权试点发展的结点时期，该年四种污染物的交易笔数，成交量都较前几年高。2018 年、2019 年排污权交易活动更加踊跃，成交量逐年增多。

在湖北省排污权交易基准价及成交均价方面，根据湖北省试点初期排污权交易基价文件，2009—2012 年，化学需氧量基价为 2000 元/吨、二氧化硫基价为 1600 元/吨。2012 年后，湖北省上调了排污权交易基价，明确化学需氧量、氨氮、二氧化硫、氮氧化物交易基价分别为 8790 元、14000 元、3990 元、4000 元。在 2009 年开展交易以来，排污权交易价格较为平稳，从 2013 年氨氮排污权交易开始至 2017 年，在四种主要污染物排污权交易中，不管是交易基价还是当年的交易均价，氨氮排污权交易价格总是最高的，其次是COD。其中，2014年氨氮交易均价达交易基价的2.4倍。

氨氮和COD排污权交易价格增高可能与2015年4月16日出台的《水污染防治行动计划》（以下简称"水十条"）有关。该计划出台前期，即2014年2月13日，原国家环保部常务会议讨论并原则通过了《水污染防治行动计划（送审稿）》。同年4月、5月，计划编制组由原环保部污防司牵头，赴北京市、浙江省调研。随后，6月11日，"水十条"的计划草案报请国务院审议。2015年2月，获得国务院常务会通过，4月16日出台。在该计划前期调研期间，各省市积极响应该政策的导向，特别是十大重点行业，例如，造纸行业力争完成纸浆无元素氯漂白改造或采取其他低污染制浆技术，氮肥行业尿素生产完成工艺冷凝液水解解析技术改造，印染行业实施低排水染整工艺改造，制药（抗生素、维生素）行业实施绿色酶法生产技术改造等。新建、改建、扩建重点行业建设项目实行主要污染物排放等量或减量置换。"水十条"影响了当年的排污权交易市场，即主要污染物的排污权成交价格。

对湖北省每年参与四种主要排放物排污权交易的企业数进行统计可见，参与排污权交易的企业数量呈增长趋势，这与湖北省排污权交易总量趋势相符合。值得注意的是，2017年成功参与排污权交易的企业数量大于2013—2016年四年内的数目总和，可见，2017年企业参与排污权交易的积极性提高，2018年、2019年在2017年的基础上稳中有升地发展，排污权交易发展趋势良好。

从参与排污权交易的企业类型来看，开发制造新材料或者优化使用旧材料的企业在2013—2017年五年间对排污权交易的参与度极高，可见材料行业迅猛发展，企业对主要污染物的排放量需求加大。之后紧随着化工、生物、能源、汽车等领域的企业，它们对污染物排放量的需求一方面是因为这些行业都是湖北省近年来发展的重点行业，企业得到了快速的发展壮大，另一方面也说明这些企业自身污染物控制技术创新技术不足，自身处理污染物的水平有限，必须从他方购买一定的排污权额度以达到发展自身生产力的目标，同时满足国家及地区对环境污染控制指标的要求。2019年参与交易企业从重点行业的重点项目延伸到所有新改扩建项目，各项污染物的成交总金额和成交总量有所下降，成交均价整体上升，一定程度上体现了全省污染物新增排放总量减少，市场正在环境资源合理配置上发挥作用的现状。

第三节　湖北省排污权交易制度推进策略及建议

湖北是较早开展排污权交易试点的地区之一，在实践中积极探索运用市场机制解决环境污染问题，并在排污权交易制度设计、排污权交易市场培育与推广等方面作出了一些有益的尝试。由于各地的污染物交易基准价和市场价存在极大差异，这在客观上造成了各地不同企业在市场竞争中处于非公平的境地。因此，如何在法律上健全排污权交易体系的同时，保证省内企业营运环境的公平和竞争力就成为湖北省目前实行排污权交易的关键问题之一。

一、完善湖北省排污权交易机制的基本原则

排污权交易是一个系统工程，排污权交易法律制度是这个系统工程的重中之重。排污权交易在湖北省实施和进一步完善时需要认真审视国情和湖北省省情，以及现有的制度条件。构建和完善排污权交易法律需要遵循以下原则：

1. 明确实施污染物排放总量控制原则

污染物总量控制是排污权交易的前提，也是排污权交易制度建设必须遵循的原则。通过污染物总量控制，可以明确交易的实施目标，调整交易的范围、对象、主体，规范交易行为。国家生态环保部应当根据总量控制目标和换算系数确定所需要的排污权配额总量。在容量总量控制区，排污权总量可适当地大于总量控制目标，多余的一部分排污权配额可以在重大项目建设或特殊情况时使用，这一部分排污权配额可以采用政府定额出让的方式出售或者用来奖励。在容量总量控制区，可以设置

排污权配额转化期限，初期采用免费发放的形式激励企业参与，促进二级市场的形成和流动性。待企业参与度提高以及排污权价值性的共识形成后，逐渐转向有偿。在目标总量控制区，则采用有偿的方式激励企业减排和技术创新，设定较高的政府储备排污权价格来推动企业从二级市场购买排污权，促进二级市场的发展。在受控环境区域内，污染物的排放量根据区域经济发展实际，必须低于总量控制目标，否则不允许进行交易。排污权交易行为不得恶化环境质量，交易后企业的排污总量对环境产生的影响不能超过交易前的水平。

2. 确保交易的经济有效性、尊重市场规律原则

从企业角度出发，交易的双方均有利可图才能进行排污权交易，出卖方因有利可图而供出富余的排污权，购买方因购买的成本比自行治理污染物或超量排放的税金更加经济合算而购买。从整个社会来看，排污权交易是通过市场的力量来寻求污染物削减的边际费用，使整体的污染物允许排放量的处理费用趋于最小，从而实现全社会资源配置最优化。因而，排污权交易应当遵循确保交易的经济有效性、尊重市场规律原则。必须建立规范的交易市场、完善市场交易规则、确定市场准入要求及退出机制，使市场机制能正常发挥作用。

3. 确认科学的时空交易折算原则

由于不同的污染物在不同的排放地点、排放时间对受控区域的污染影响是不同的，因而排污权交易不能按同一价格尺度标准来衡量，政府必须根据受控区环境容量的时空特性以及不同污染之间的单位排放量的污染程度，制定一套交易的折算指标体系。根据污染物排放量在时间和空间位置上的分布，不同污染物的折算指标体系表现为复杂的时空网络体系，因此，理论上各污染源互相交易时就要求按一定规则进行折算。例如，对气类物质中的污染物，可分为三类进行交易：第一类是均匀混合吸收性污染物，如挥发性有机化合物，其对大气的污染水平与其排放的时间、地点关系不大，决定大气污染物环境浓度的是排放总量而与污染源的分布状态无关，因此这类污染物可以进行等量交易；第二类是非均匀混合吸收性污染物，如二氧化硫，其对环境质量的影响与污染源所在的位置密切相关而各污染源的转换系数各异，因此这类污染物进行交易时必须考虑交易比例；第三类是均匀混合积累性污染物，其污染水平随时间而变，在受控区内进行的排污权交易必须在同一类污染物之间进行，不同类别污染物之间一般不得进行交易，且交易必须在时间和空间上受环境容量的限制和环境质量标准的制约，污染物排放的浓度和总量不能超出区域时空浓度。为确保这一原则，在排污权交易时应允许排污只向达标区域和低功能区域转移，由枯水期向丰水期转移。

4. 政府合理干预原则

任何市场都有失灵的领域，因而政府的合理干预必不可少。排污权交易是政府和市场共同发挥作用的制度创新，国家权力的介入是排污权交易形成和有序运行的必要保障。首先，排污权交易市场需要政府来构建。市场机制是一种公共物品，不应由私人的力量来提供，否则市场规则将会被私人的利益偏好和价值取向所左右，不利于统一、公平、公正的市场形成。其次，排污权交易是一种特殊的交易行为，排污权是一项有限的权利，其行使应受到严格地监督和限制。最后，在排污权交易中，国家不仅要制定一套科学的环境监测标准和监测处罚办法，建立先进的监测队伍，而且要制定和实施一套排污权交易的具体规则，如区域环境容量的科学确定、环境容量价值的准确评价、排污权的初始分配、排污权交易时空折算指标体系的确定，对交易信息的收集、对污染源的污染监控、对有关法规和标准的修改与完善等，这一切都需要国家来完成。当然，政府必须遵循合理干预的原则，明确政府的角色和职能定位是从排污(配额)交易的主体变成排污权交易的监督者和保护者，政府的职能是立规则，角色是当裁判员。

5. 环境公平原则

环境公平或环境正义在狭义上包含两层含义：一是指所有主体都应拥有享受环境资源、清洁环境而不遭受资源限制和不利环境伤害的权利；二是指享用环境权利与承担环境保护义务的统一性，即环境利益上的社会公正。环境公平是排污权交易制度的内在价值，是其正当性的体现，也是排污权交易制度实施所要促进的目的价值。

从某种意义上看，排污权交易制度设计的目的就是通过市场机制实现排污权在排污者之间的公平分配，以彰显代内公平；通过污染物的减排实现环境质量的改善和保持，以确保代际公平。"作为分配基础的总量控制制度使后代人环境权益的享有得到保障，而排污许可制度和市场交易规则可以保证排污企业在当代份额内的排污权分配上的公平。通过以经济激励为基础的制度安排，排污权交易制度在实现资源配置效率的同时，还从根本上促进了环境公平。"①为了保证环境公平的实现，在排污权交易的制度建设中需要遵循环境公平的原则。首先是严格遵循总量控制要求，防止总量底线的突破；其次是坚决贯彻排污权的有偿使用，采取体现排污权公平分配的方法和定价标准；最后是制定公平的交易规则，确保交易主体的法律地位平等、交易机会平等、权利义务公平实现。

二、完善湖北省排污权交易的具体建议

综合其他国家和地方的经验及意见，湖北省的排污权立法以及出台地方性法规应做到：从法律上规定各交易主体直接参加排污权交易，使剩余排污量保有者获得利润成为可能。排污权交易制度可以参考美国的处罚制度，规定对超出排放定额标准排放的企业处以高额罚金后，还要求其在第二年等额填补前一年所超过的排放量等措施。这样既能有效地避免超排者"以罚代买"的心态，积极走革新之路，控制污染物质的排出量，同时还能鼓励其他企业改进技术，减少污染物质的排出总量，从而保证多余排污量通过交易转让能够获得利润。再者，排污权交易制度的设计要有合理可行性。即在明确规定排污权交易的对象、排污源单位（设施）、容许排污总量、排污权的交易方式等基础上，还具体规定排放污染物质的监控系统、交付保证金、超排处罚措施等保证措施，从法律制度上保证排污权交易制度的有效实行。因为排放监测监督制度是排污权交易制度实施中必不可少的环节，是关系到排污权交易制度成功与

①　宋晓丹：《排污权交易制度公平之思考》，载《理论月刊》2010 年第 9 期。

否的关键因素，而制裁措施又是排污权交易制度的保证，是排污权交易制度真正发挥作用的关键所在，所以必须在法律上加以规定。

1. 构建排污权交易法治基础

地方处在排污权交易的最前沿，因地制宜地完善排污权交易的地方立法(包括制定地方法规和地方规章)是巩固已有的地方实践经验，进一步保障和推动排污权交易的实施以及构建和发展排污权交易市场的重要途径。要提升地方立法的效力，目前排污权交易的地方性立法模式多是由地方政府以通知的形式发布政府文件，公布排污权交易的管理办法或实施细则，如重庆市人民政府办公厅《关于印发重庆市主要污染物排放权交易管理暂行办法的通知》(渝办发[2010]247号)、杭州市人民政府办公厅《关于印发杭州市主要污染物排放权交易管理办法的通知》(杭政办[2006]34号)；有些地方的排污权交易实施细则是由生态环境厅(局)以通知形式发布，如《关于印发〈湖南省主要污染物排污权有偿使用和交易实施细则(试行)〉的通知》(湘环发[2010]88号)、省生态环境厅关于印发《〈湖北省主要污染物排污权交易办法实施细则〉等规章及相关文书的通知》(鄂环发[2009]8号)。

由于排污权交易涉及污染物总量控制目标和排污权的有偿使用，权利义务的分配也需要调整多方利益关系，因此，对排污权交易的立法规范问题，地方政府的一般性规范文件因其层级和效力太低而无法承载。湖北省人大及其常委会应当及时制定地方性法规对排污权交易予以制度确认，以解决上位立法缺失问题，明确法律依据，提升立法层级，加强规范效力，形成完整的排污权交易法律规范体系。

湖北省人大立法首先需要在地方性法规上确认排污权。法规上明确排污权的性质是有其实际意义的，它一方面可以从法规上明确排污权交易的标的，解决长期以来简单地将经济学上的排污许可额市场配置的理论生搬硬套到法律制度中的问题；另一方面也可以协调排污权与物权、环境权利与环境权力的关系，建立环境法与民法对不同利益的沟通与协调机制，解决通过市场化法律制度防治环境污染和破坏的问题。因此，要建立排污权交易法律制度和排污权交易市场，就必须从法律法规上确认排污权。一项权利之所以能在不同主体之间进行交易，其原因就在于特定主体拥有对该权利的占有、使用、收益、处分，他人非经许可不得擅自行使该权利，明确排污权是排污权交易制度的先决条件。排污权是环境权的一项重要内容，是指单位和个人在正常的生产和生活过程中向环境排放必需和适量污染物的权利，不能把排污权片面地理解为向环境任意排放污染物或污染环境的权利。

完善的政策制度体系是推动排污权交易实践的根本保障。湖北省应该在国家法律的基础之上，构建本省份的法规及其他规章制度。根据权利义务对等的原则，设定排污权，使排污权具有明确法律地位，并且结合国家法律制定并切实地将排污权交易从国家层面转达到省市级层面，完善排污权交易的法治基础，制定符合湖北省省情的排污权交易法规政策。对于具体的制度建设，湖北省人大的立法应当健全总量控制、排污许可、应急预警、法律责任等方面的制度，明确排污权交易的内涵，规范污染物排放许可行为，禁止无证排污和超标准、超总量排污。优化新建项目总量前置审批工作，修订有关法规，从根本上解决排污总量处罚力度问题，明确排污权交易制度的定位。

在符合区域环境质量要求和确定区域污染物排放总量的前提下，为了协调和指导湖北省更大区域范围内的排污权交易，湖北省生态环境主管部门应进一步完善《排污权交易指导办法》，提供排污权交易的指导思想、基本原则和具体制度来指导湖北省各地进行排污权交易。要求排污权交易都必须遵循公正、平等、公开、透明、效率的原则，要防止欺诈和以权谋"证"等不正之风，有计划、有试点地逐步扩大排污权交易范围；协调污染物的排放处于不同区域，特别是处于不同行政区划的异地排污权交易，提供协调机制，提出协调原则、程序和方式；明确各级生态环境主管部门在推行排污权交易中的指导地位、协调作用、监督监测的主要职权和职责；及时公布不同区域建议交易的污染物种类、排污权交易方式等；建立全省完善的排污权交易信息中心和示范交易市场，参考浙江等省市加强交易信息的公开透明度，完善排污权电子交易系统和结算系统，实现对排污指标交易主体、指标交易量等信息的及时公开；逐月公布各污染物排污权交易的成交细节信息及相应的成交价格走势，引导市场各交易主体理性参与交易，避免市场交易价格的大起大落，促进排污权交易市场的健康运行。

另外，还需要改革生态环境保护管理体制，加强湖北省行政执法部门与湖北省司法部门的衔接，推动健全环境生态损害赔偿制度及加强环境污染罪的执法力度，加强与排污权交易制度的衔接，增强企业污染减排的积极性。

2. 发展和完善总量控制制度，设定排污权交易的控制目标

总量控制是交易制度的核心，总量控制目标过高和过低都会影响排污权的实施效果，总量控制是赋予环境容量资源商品属性的前提。我国目前的总量控制目标是平移"十二五"规划的行政减排目标，然后通过行政垂直分配到省、市、区。这种总量控制方法显然忽略了各地区的实际情况，不够科学。但是由于科学核定环境容纳量需要考虑各个方面的因素，对其技术要求较高。根据我国目前的环境容量核定技术现实情况，可以分为短期目标和长期目标。

首先，近期可以采用目标总量控制与容量总量控制相结合的方式。对于主要污染物未达标区域或者重污染区域实行目标总量控制，制定严格的目标总量控制倒逼企业进行减排，实现绿色技术升级。在目标总量控制区域，限制新源的进入，对于本区域新建、改建和扩建项目必须提交环境影响评价以及"三同时"等文件预防重大污染危害。其次，在目标总量控制区域，政府对进行提前减排和技术升级的企业采取优惠政策，例如，奖励排污权配额或者税收倾斜等。容量总量控制区相对于目标总量控制区，其环境污染程度较小，主要目标是使污染增长在得到控制的基础上防治新源的进入。可以使容量总量控制目标逐年递减，增加排污权的稀缺性刺激企业减排，促使经济实现转型发展。长期目标的最终目的在于提高环境容量核定的科学性，在实现短期目标的同时，加大对环境容量核定技术的建设。环境容量核定仅凭政府一方的力量过于薄弱，要充分利用社会上各部门的力量，例如企业、高校等。政府可以对从事相关环境容量资源的企业进行招标，从而委托第三方企业进行环境容量的核定，政府需对第三方企业进行监督。此外，政府可以通过设立国家社科项目鼓励高校对环境容量核定技术进行研发，然后通过校企合作的方式将科研成果运用到实践，从而实现良性循环，使环境容量核定技术得到提高，总量控制目标更为科学。

湖北省应遵照总量控制原则，在控制总量范围内交易、排放量应在目标值内、排污交易总量应符合最小原则和有偿交易原则，从而发展和完善总量控制制度。首先，划分地区的不同功能，确定控制指标前提下的总量控制目标值，目标值选择应以污染因子年日均值作为目标浓度；其次，调研气象资料，建立污染源现状数据库，确定允许的排放量；第三，确立尚存容量和需要削减的排污量；最后，建立动态系统对排放总量进行实时监控。同时，总量控制是一项系统工程，湖北省应从三个方面入手促进总量控制的实施：一要加强地方立法与配套政策的建设，地方法律法规明确总量控制地位；二要完善总量控制技术措施的建设；三要根据湖北省的实际情况实行总量控制分层次管理，把总量控制划分为三个层次：省级、市级、区县级总量控制。在此基础上，对排污权进行合理的定价和初始排污权的分配，实现资源优化配置和环境资源保护，促进经济收益的合理分配，保证整个湖北省的生产能够顺利进行。

3. 合理进行排污权初始分配

如何在现有污染源之间以及现有污染源与将来污染源之间进行合理有效的排污权分配，成为排污权交易的首要问题。排污权初始配置的好坏，不但直接关系到排污企业的自身利益，而且影响到环境资源的配置效率。初始分配不仅要注重公平性，还应该以激励排污企业参与为目的。排污权的初始分配主要分为有偿和无偿两种方式。目前阶段我国实行的是排污权有偿分配。现有企业通过政府定额出让的方式获得排污权，新源以及新建、扩建项目的企业通过市场公开出让的方式获得排污权。有偿分配虽然体现了环境资源的稀缺性和排污权的价值性以及"受益者付费"的原则，但是会造成排放源企业对该政策的抵抗心理，认为排污税和排污权没有什么区别。政策起始阶段选择有偿分配方式会使企业的排污成本瞬间提高，企业有可能会将排污成本转移到产品价格上，从而转移给消费者。而免费发放则存在道德风险，因为排污权配额的价值性依赖于企业的认知。如果企业认为免费获得的排污权配额没有价值，则会逆向激励企业排污。而且，目前我国的环境污染问题刻不容缓，免费发放缺少成本约束，存在一定的政策风险。

目前，我国还未全面实施统一的排污权初始分配制度，都是由各个地方政府根据当地不同情况采取不同的分配方案。例如，云南省实行免费分配排污权初始配额，根据《云南省实施排污许可证制度技术指南（试行）》基本遵循的程序是：先由排污企业根据自身排污及治理现状和近期经营发展规划提出排污权申请，接着由生态环境主管部门依据相关规定对排污企业提供的材料进行审核，经过一系列的协商和整改使排污企业达到相关标准后，再对其进行排污权的发放。目前湖北省实行新增项目市场公开出让和现有项目定额出让相结合的方式。我国《宪法》规定所有环境资源都属于国家，从这个意义上来说，排污权与水资源、矿产资源一样，属于公共资源范畴，更严格讲应该属于国有资产的范畴。排污权的价值体现环境资源的价值，掌握多少排污权，就意味着可以占有多少环境资源，可以影响多大的环境空间。因此给企业免费分配排污权意味着企业对公共资源的无偿占用，甚至是侵占国有资产。况且我国目前现实国情和技术水平无法使地方生态环境主管部门以公正、公平、公开的原则分配排污权，平衡各申请人之间排污权配额，满足各方的需求，甚至可能引发内部的腐败。湖北省应坚持目前的排污权以公开出让、有偿获取的方式，通过市场化的手段优化排污权的资源配置，如此更加有利于环境生态的改善和环境目标的达成。

4. 健全排污权交易制度体系

明确排污权交易主体资格，积极鼓励个人、环保组织、金融机构等主体参与排污权交易市场，从而激活、做大整个排污权交易市场容量。具体而言，首先应该对中介公司放开限制，促进排污权相关金融衍生产品的发展以及使排污权配额"证券化"。金融中介公司与企业的关系最为密切，而排污权二级市场的主体即企业，所以放开中介公司的限制有助于企业的参与。其次，放开环保组织等其他社会团体的限制。在美国

179

排污权交易实践中，环保组织起到了重要的作用，他们可以在二级市场上购买排污权配额以表明他们的环保立场及态度，起到了社会公众舆论和监督作用。最后放开个人投资者的限制。个人投资者是二级市场最为活跃的因素，不仅可以减少排污权配额交易的经济风险，还是排污权配额商品化的标志。总之，扩大交易主体是排污权配额商品化的必然要求，也是二级市场构建中的关键因素。

在对排污权市场服务方面，应当出台湖北省范围内污染源实物量核算和环境污染价值量核算指南，加强对排污权交易定价机制的研究，统一主要行业污染物排放量和环境污染价值量的核算方法和核定技术，以明确全省和各地区分行业单位污染物的治理运行成本，深入了解各种产品价格间的关联关系，探索利用价格上下限、安全阀机制、动态分配等方式完善排污权交易市场价格管理机制。完善电子竞价制度和电子竞价交易系统，简化审核、登记的流程。参考资本市场的报价机制，探索更加公平合理的报价方式；参考浙江等省市做法加大交易信息披露，加强交易信息的公开透明度，实现对排污指标交易主体、指标交易量等信息的及时公开。逐月公布各污染物排污权交易的成交细节信息及相应的成交价格走势，引导市场各交易主体理性参与交易，避免市场交易价格的大起大落，促进排污权交易市场健康运行。加快构建独立统一的污染物监测平台，培育更多的第三方认证机构，建立健全企业污染物数据库并与排污权交易电子系统对接共享，探索以流域、区域设置完善排污权交易管理机构，发挥其监督、审核职能。

也可以尝试"银行"存储政策。我国的排污权配额使用年限一般是5年，到期之后排污企业需要重新购买，不支持跨期交易。虽说跨期交易能够给予企业预期，使企业制定长期战略计划，而且能够激励企业提前减排以及减少排污权配额价值的波动性。但是使用"银行"存储政策有可能会造成某个阶段性的环境污染恶化以及使减排期限延长。尽管如此，排污权交易制度设计还是应该积极尝试"银行"存储政策，给予企业更大的自由度，激励企业进行减排。建议湖北省内各地可以结合本地区主要污染物总量减排项目实施进度，积极开展排污权总量指标的预算管理与排污权收储工作，及时回购排污单位富余排污权，适时投放市场，重点支持战略性新兴产业、重大科技示范等项目。建设排污单位破产、关停、淘汰、被取缔或迁出其所在行政区域的，其无偿取得的排污权，可以按照排污权核定权限，由生态环境部门核定后，由市（州）级排污权储备机构予以无偿收回，作为政府储备的排污权；其有偿取得的排污权，经富余排污权核定后，可通过市场公开出让或由储备机构回购收储。排污单位自愿放弃有偿取得的排污权，由当地排污权储备机构收储；排污单位自愿通过协议转让方式将排污权出让给当地排污权储备机构的，由储备机构按照规定的交易基价实施回购并收储。

加强省际协作，充分发挥湖北省目前各污染物排污权交易平均价格优势，构建新模式以鼓励本省企业探索进入跨省排污权交易市场。用市场化手段促进区域环境质量的改善，涉及水污染物的排污权交易，在同一流域内进行；涉及跨市（州）排污权交易的，可以报省级生态环境保护部门批准后组织实施。湖北省应多与国内其他排污权试点省市交流经验、相互学习，以加快排污权交易市场的健康发展及促进排污权交易制度更好地建设。

对于排污权租赁及抵押贷款等新兴的排污权交易形式，湖北省各地应加强与金融机构的对接，探索建立排污权绿色融资机制。合理确定排污权抵押价值的测算方法及抵押率参考范围，建立健全排污权抵押登记及公示工作制度，按照便利、高效的原则制定排污权抵押登记及公示工作流程。探索由排污权储备机构回购的方式解决排污权作抵押物的处置问题，推进排污权抵押工作，鼓励社会资本参与排污权交易。作为一个新兴的事物，排污权抵押贷款的具体方式和流程需要银行方面提供专业的设计，银行风险规避方面也需要政府主管部门或排污权交易管理机构的协助。

5. 重视公众参与

应当重视公众参与在排污权交易中的作用。随着公民意识的觉醒和市民社会的不断完善，政府在完善自身监管模式的同时还应该鼓励公民参与市场交易中的监督，通过双方的协同作用实现公共利益的最大化。

从另一方面来说，排污权交易达成后的标的所在地污染物排放的变化会导致某一地区的环境发生变化，这种变化尤其是环境恶化带来的危害作用直接影响生活在其周围的公众，公众不得不被动地成为排污权交易的第三方受害者。所以参与排污权交易的不仅应该有交易双方，更应该有作为受排污影响的第三方的公众代表参与监管。公众代表可以是直接受影响的人群或直接受影响人群的代表，也应该包括该地区的环保组织。公民在排污权交易中的作用目前主要是通过听证会的途径来实现的。所谓听证会是指由排污权的购买方所在地的政府环保部门组织召开，排污权的购买者和可能受影响的公民或公民代表等利益相关者参加，就排污权交易可能带来的影响进行评价和讨论的过程。排污权交易的听证会必须是一个民主、透明和公开的过程，要保障公民的知情权、参与权和监督权。除了听证会外，环境公益诉讼也是公民参与并实现环境监管权的一种途径。与听证会相比，这种方式是在排污权交易带来消极影响之后发生的。也就是说，排污权交易已经造成购买方所在地区环境的恶化，生活在其周围的公民的环境权已经受到侵害。为了终止这种侵害，受侵害的公民或公民代表及其组织可以采用诉讼或行政复议的方式来要求政府主体终止这种侵害，比如否决已达成的排污权交易合同。总之，公民参与可以改变排污权交易中政府的单一决策过程，减少信息不对称带来的环境危害，提高政府的决策效率。因此，政府要保障公民对周边环境的知情权以提高公民对环境排污交易的参与深度和参与水平。最后，实现排污权交易中的经济发展和公众的环境利益是一个长期的、渐进的、可持续发展的过程，也是政府、排污交易企业、环保组织以及关心环境的公民共同努力的过程。

总的来说，政府对排污权交易的监管和促进是这项制度有效施行的关键。为进一步规范和激活排污权交易市场，湖北省在排污权交易方面积极督促需新增排污权的建设项目参加交易。2019年《湖北省生态环境厅关于深化排污权试点交易工作的通知》明确要求一些建设项目应当通过市场公开出让方式取得排污权，这些建设项目包括：2008年10月27日—2012年8月20日，通过省级及以上生态环境部门批复环境影响评价文件的，需要新增化学需氧量、二氧化硫排污权的新建、改建、扩建项目；2012 年 8 月 21 日后，市(州)及以上生态环境部门负责审批环境影响评价文件的，需要新增化学需氧量、氨氮、二氧化硫、氮氧化物排污权的新建、改建、扩建项目；以及 2006 年 11 月 20 日后，县级生态环境部门负责审批环境影响评价文件的，需要新增化学需氧量、氨氮、二氧化硫、氮氧化物排污权的新建、改建、扩建项目，对应当交易而尚未通过交易取得排污权的建设项目或排污单位。

　　鉴于中国市场经济的发展水平和满足人民对清洁环境这种公共产品的需要，湖北省排污权交易机制的进一步发展要求政府必须完善自身的监管模式，强化跨区域管理机构的功能和综合利用各种监管方法；加强对企业排污活动的监管，通过强化对主要污染物排污权指标来源的审核工作，做好排污权交易指标的登记和管理；利用排污权总量指标审核和储备管理平台，及时准确记录辖区内排污单位的排污权信息；逐步将排污单位取得排污权的有关情况纳入湖北省企业环境信用评价系统统一管理。这些监管措施有利于督促对实际排放量超出获取的排污权或未按要求取得排污权的排污单位按规定购买排污权。此外，政府还应充分发挥公民和新闻舆论在排污权交易中的监管作用，鼓励全民参与，完善全社会监管体系。

结　语

　　党的十九大报告提出了解决生态文明问题的总体指导思想，而且还提出了切实可行的具体措施，如加快建立绿色生产和消费的法律制度和政策导向；提高污染排放标准，强化排污者责任，健全环保信用评价、信息强制性披露、严惩重罚等制度；完成生态保护红线、永久基本农田、城镇开发边界三条控制线划定工作；改革生态环境监管体制等。2018 年习近平总书记在全国生态环境保护大会上强调：“坚决打好污染防治攻坚战，推动生态文明建设迈上新台阶。”排污权交易理论是人类在对环境问题认识、觉醒和反思的基础上提出的。作为一项效率型环境经济法律制度，排污权交易通过支持企业之间对排污权的自由交易来降低生态环境保护的社会总成本，在生态文明建设过程中必然会发挥更大的作用。

　　生态问题建设提出了推进国家治理体系和治理能力现代化的重大任务。生态文明制度体系涉及法律法规、行政管理、市场交易和社会规范等方面，它们共同对政府、企业组织、社会组织和公众行为产生约束和影响。要使这一套制度体系充分发挥效力，需要进一步厘清不同主体的行为特征，建立针对性的激励约束机制，确保制度有效实施。为持续推进湖北省排污权交易试点工作健康发展，湖北省生态环保厅印发了系列文件，促进排污权交易市场在湖北省的建立和运行。目前，湖北省还处于初步实践阶段，面临着许多问题，其中一个重要瓶颈问题就是排污权交易的市场机制尚未形成。大部分发生的交易个案严格意义上都是一级市场，没有产生二级市场。这与我国市场经济不够发达，缺乏相应的制度环境有关。

　　湖北省排污权交易制度的进一步发展应结合治理体系和治理能力现代化的国情和省情，分步骤、循序渐进地进行。相信随着生态文明建设的进一步推进，以及经济的发展、市场的完善和法律的健全，排污权交易必将为湖北省的环境资源保护和高质量可持续发展发挥更大的作用。

参 考 文 献

一、著作类

1. 白利编著：《排污权交易理论与实践发展》，浙江工商大学出版社 2019 年版。

2. 陈慈阳：《环境法总论》，中国政法大学出版社 2003 年版。

3. 崔建远：《准物权研究》，法律出版社 2003 年版。

4. 韩德培：《环境保护法教程》，法律出版社 2003 年版。

5. 胡春冬：《排污权交易的基本法律问题研究》，《环境法系列专题研究》（第 1 辑），科学出版社 2005 年版。

6. 胡旭晟、蒋先福：《法理学》，湖南人民出版社、湖南大学出版社 2002 年版。

7. 彭本利、李爱年：《排污权交易法律制度理论与实践》，法律出版社 2017 年版。

8. 沈满洪等：《排污权监管机制研究》，中国环境出版社 2014 年版。

9. 沈宗灵主编：《法理学》（第二版），高等教育出版社 2009 年版。

10. 孙笑侠：《法律对行政的控制：现代行政法的法理理解》，山东人民出版社 1999 年版。

11. 王金南：《排污收费理论学》，中国环境科学出版社 1997 年版。

12. 王清军：《排污权初始分配的法律调控》，中国社会科学出版社 2011 年版。

13. 王小龙：《排污权交易研究——一个环境法学的视角》，法律出版社 2008 年版。

14. 吴健：《排污权交易——环境容量管理制度创新》，中国人民大学出版社 2005 年版。

15. 许涤新：《生态经济学》，浙江人民出版社 1987 年版。

16. 张安华：《排污权交易的可持续发展潜力分析——以中国电力工业 SO_2 排污权交易为例》，经济科学出版社 2005 年版。

17. 张文显：《法理学》(第三版)，高等教育出版社 2007 年版。

18. [美]凯斯·R. 孙斯坦：《风险与理性》，师帅译，中国政法大学出版社 2005 年版。

19. [美]罗纳德·德沃金：《认真对待权利》，信春鹰、吴玉章译，中国大百科全书出版社 1998 年版。

20. [美]罗斯科·庞德：《通过法律的社会控制/法律的任务》，沈宗灵、董世忠译，商务印书馆 1984 年版。

21. [日]宫本宪一：《环境经济学》，朴玉译，读书·生活·新知三联书店 2004 年版。

22. [英]彼得·斯坦、约翰·香德：《西方社会的法律价值》，王献平译，中国法制出版社 2004 年版。

二、论文类

1. 毕军、周国梅、张炳、葛俊杰：《排污权有偿使用的初始分配价格研究》，载《环境保护》2007 年第 13 期。

2. 蔡守秋、张建伟：《论排污权交易的法律问题》，载《河南大学学报(社会科学版)》2003 年第 5 期。

3. 王海、曹勇、陈玉平：《排污权交易缺乏法律制度保障》，载《市场报》2007 年 12 月 28 日。

4. 曹明德：《排污权交易制度探析》，载《法律科学》2004 年第 4 期。

5. 曾石安：《美国排污权总量控制与交易制度对我国的启示》，载《成都行政学院学报》2018 年第 3 期。

6. 丁姗姗、段进东：《美国排污权交易运行模式及其借鉴》，载《中外企业家》2016 年第 25 期。

7. 高慧慧、徐得潜：《公平条件下水污染物排污权免费分配模型研究》，载《工程与建设》2009 年第 3 期。

8. 高利红、余耀军：《论排污权的法律性质》，载《郑州大学学报(哲学社会科学版)》2003 年第 5 期。

9. 高鑫、潘磊：《从社会资本角度探索创新排污权初始分配模式》，载《生态经济》2010 年第 5 期。

10. 巩海平、周雪莹：《我国排污权交易法律规制之反思》，载《甘肃广播电视大学学报》2020 年第 2 期。

11. 韩凤舞、孟祥松：《排污权市场化下不同运营模式的抽水蓄能电站定价研究》，载《电力需求侧管理》2008 年第 4 期。

12. 何延军、李霞：《论排污权的法律属性》，载《西安交通大学学报(社会科学版)》2003 年第 9 期。

13. 何勇海：《像青菜萝卜一样买卖深思"排污权交易"》，载《中国青年报》2002 年 6 月 19 日。

14. 胡丹樱、詹海平：《我国排污权交易制度探析》，载《甘肃政法成人教育学院学报》2005 年第 2 期。

15. 胡民：《排污权定价的影子价格模型分析》，载《价格月刊》2007 年第 2 期。

16. 黄文君、田莎莎、王慧：《美国的排污权交易：从第一代到第三代的考察》，载《环境经济》2013 年 7 月总第 115 期。

17. 李爱年、胡春冬：《环境容量资源配置和排污权交易法理初探》，载《吉首大学学报(社会科学版)》2004 年第 3 期。

18. 李爱年、胡春冬：《排污权初始分配的有偿性研究》，载《中国软科学》2003 年第 5 期。

19. 李寿德、仇胜萍：《排污权交易思想及其初始分配与定价问题探析》，载《科学学与科学技术管理》2002 年第 1 期。

20. 李寿德、王家祺：《初始排污权不同分配下的交易对市场结构的影响研究》，载《武汉理工大学学报(交通科学与工程版)》2004 年第 1 期。

21. 李玮：《论排污权的法律属性》，载《知识经济》2008 年第 4 期。

22. 李霞、狄琼、楼晓：《排污权用益物权性质的探讨》，载《生态经济》2006 年第 6 期。

23. 李霞、狄琼：《排污权初始分配方式法律问题探析》，载《理论导刊》2006 年第 6 期。

24. 林云华：《论排污权交易市场的定价机制及影响因素》，载《当代经济管理》2009 年第 2 期。

25. 刘鹏崇、李明华：《法权视角下的"排污权"再认识》，载《法治研究》2009 年第 8 期。

26. 卢宁：《论排污权交易在中国实施的可行性》，载《2002 年中国法学会环境资源法学研究会年会论文集》，2002 年。

27. 吕一兵、万仲平、胡铁松：《初始排污权分配及定价的双层多目标规划模型》，载《运筹与管理》2014 年第 6 期。

28. 毛仲荣：《对"排污权"法律属性的再认识——从分析"环境容量"的特性入手》，载《石家庄经济学院学报》2015 年第 1 期。

29. 庞淑萍：《论我国实行排污权交易制度的可行性》，载《能源基地建设》1998 年第 6 期。

30. 朴英爱：《低碳经济与碳排放权交易制度》，载《吉林大学社会科学学报》2010 年第 3 期。

31. 乔志林、费方域、秦向东：《初始分配与应用市场机制矫正外部效应——一个实验经济学研究》，载《当代经济科学》2009 年第 2 期。

32. 阮梅芝、胡桂平、王丽芳：《南方某市二氧化硫排放指标分配研究》，载《环境科学与技术》2008 年第 4 期。

33. 宋婧：《排污权的法律属性分析》，载《科技信息》2007 年第 10 期。

34. 宋晓丹：《排污权交易制度公平之思考》，载《理论月刊》2010 年第 9 期。

35. 宋晓丹：《也论排污权的法律性质》，载《南方论刊》2009 年第 8 期。

36. 宋玉柱、高岩、宋玉成：《关联污染物的初始排污权的免费分配模型》，载《上海第二工业大学学报》2006 年第 3 期。

37. 孙卫、尚磊、袁林洁：《基于成本有效的流域初始排污权免费分配模型》，载《系统管理学报》2011 年第 3 期。

38. 王金南、董战峰：《中国的排污权交易实践：探索与创新》，载《第十一届中国技术管理年会论文集》，2014 年。

39. 王孟、叶闽、肖彩：《汉江流域实施排污权交易初始分配的实践研究》，载《人民长江》2008 年第 23 期。

40. 王清军：《排污权法律属性研究》，载《武汉大学学报（哲学社会科学版）》2010 年第 5 期。

41. 王润卓：《全球碳交易市场概况》，载《节能与环保》2012 年第 2 期。

42. 王兆群：《有偿分配下排污权基准价定价模型研究》，载《环境污染与防治》2015 年第 1 期。

43. 吴朝霞、曾石安：《建立我国统一框架下的排污权交易机制》，载《人文杂志》2018 年第 8 期。

44. 吴小令、沈海滨：《美国排污权交易制度的实践与借鉴》，载《世界环境》2012 年第 6 期。

45. 吴炎景、聂永有：《政府在排污权交易市场中的职能定位》，载《秘书》2009 年第 1 期。

46. 肖江文：《排污权交易制度与初始排污权分配》，载《科技进步与对策》2002 年第 1 期。

47. 莘红：《中国排污权交易立法框架设想》，载《中国律师》2003 年第 12 期。

48. 杨展里：《中国排污权交易的可行性研究》，载《环境保护》2001 年第 4 期。

49. 易永锡、许荣伟、赵曼、程粟粟、邹伟光：《水域污染控制的微分博弈研究》，载《南华大学学报（社会科学版）》2017 年第 5 期。

50. 于术桐、黄贤金、程绪水：《流域排污权初始分配模式选择》，载《资源科学》2009 年第 7 期。

51. 虞选凌：《环境有价交易先行——记浙江省排污权有偿使用和交易试点工作》，载《环境保护》2014 年第 18 期。

52. 张式军、曹甜、胡志逵：《排污权内涵的法学解读》，载《环境与可持续发展》2010 年第 2 期。

53. 张颖、王勇：《我国排污权初始分配的研究》，载《生态经济（中文版）》2005 年第 8 期。

54. 张梓太：《污染权交易立法构想》，载《中国法学》1998 年第 3 期。

55. 赵春玲、杨桐彬：《江苏排污权交易理论实践与对策研究》，载《南京财经大学学报（双月刊）》2016 年第 2 期。

56. 赵海霞：《不同市场条件下的初始排污权免费分配方法的选择》，载《生态经济》2006 年第 2 期。

57. 赵文会、谭忠富、高岩、陆青：《基于双层规划的排污权优化配置策略研究》，载《工业工程与管理》2016 年第 1 期。

58. 赵子健、顾缵琪、顾海英：《中国排放权交易的机制选择与制约因素》，载《上海交通大学学报（哲学社会科学版）》2016 年第 1 期。

59. 周树勋、任艳红：《浙江省排污权交易制度及其对碳排放交易机制建设的启示》，载《环境污染与防治》2013 年第 6 期。

60. 朱家贤：《排放权交易中的政府监管》，载《经济研究参考》2010 年第 24 期。

61. 邹伟进、朱冬元、龚佳勇：《排污权初始分配的一种改进模式》，载《经济理论与经济管理》2009 年第 7 期。

62. 左平凡：《论排污许可法律关系》，载《沈阳工业大学学报（社会科学版）》2010 年第 1 期。

三、其他文献

1. 蔡守秋：《论排污权交易的法律问题》，http://w. riel. whu. edu. cn/article.asp？id＝24876,访问日期：2012 年 3 月 29 日。

2. 新华社记者费强、谢国：《姜春云要求正确把握经济发展和生态保护的关系》，《浙江日报》2003 年 2 月 12 日，http://zjnews. zjol. com. cn/system/2003/01/12/001561434.shtml.

3. 钟超：《从排污费到环保税的制度变革》，《光明日报》2018 年 2 月 3

日，https://www.sohu.com/a/220647053_115423，访问日期：2019 年 12 月 20 日。

4. 葛勇德、李耀东：《二氧化硫排污权开始交易》，载《中国环境报》 2001 年 11 月 5 日，第 1 版。

5. 卞化蝶：《〈环境保护法〉的修改——从排污权初始分配和区域环境 管理角度来辨析》，载《中国法学会环境资源法学研究会、国家环境 保护总局、全国人大环资委法案室、兰州大学：环境法治与建设和 谐社会——2007 年全国环境资源法学研讨会（年会）论文集（第二 册）》，中国法学会环境资源法学研究会、国家环境保护总局、全国 人大环资委法案室、兰州大学：中国法学会环境资源法学研究会， 2007 年 6 月。

6. 顾缵琪：《我国排污权交易制度的设计与实践》，复旦大学硕士学位 论文，2014 年。

7. 李丹：《环境行政许可设定分析》，武汉大学硕士学位论文， 2004 年。

8. 徐琳玲：《浙江省排污权有偿使用和交易现状及评估》，浙江工业大 学硕士学位论文，2013 年。

9. 赵文会：《初始排污权分配的若干问题研究》，上海理工大学硕士学 位论文，2006 年。

10. The Clean Air Act Amendments of 1990, SEC. 401. Findings and Purposes. (b) Purposes.

11. Mingde Cao, On Emission Trading System, 2 US – CHINA LAW REVIEW 26(2005).

12. Moritz Lorenz, Emission Trading – The State Aid Dimension, 2004 EUR. St. AID L. Q. 399(2004).

后 记

　　本书是湖北省生态环境科学研究院开展排污权交易工作历年成果的沉淀和总结。为推进排污权交易工作在湖北省的开展，湖北省生态环境科学研究院环境经济研究中心展开了大量研究工作，对湖北省排污权交易实践工作的展开起到了积极的指导作用。为进一步深入推进湖北省排污权交易工作，促进治污减排，降低社会污染减排成本，湖北省生态环境科学研究院委托中南财经政法大学，开展《湖北省构建排污权交易二级市场及区域排污权交易框架前期研究》，希望通过梳理和总结美国和国内其他地区排污权交易二级市场构建及区域排污权交易的实践案例和经验，解读国家和湖北省相关政策规范，在湖北省开展排污权有偿使用和交易实践基础上，提出排污权交易二级市场和区域排污权交易的基本思路和框架。我们经过一年多的研究工作，多次深入地沟通探讨，取得了对排污权交易理论较为系统的认知，对实践策略也形成了较为成熟的观点。最终，由中南财经政法大学法学院教师郭红欣博士执笔完成本书的撰写工作，各位编者参与书稿内容的讨论修改，使得本书得以成稿。

　　最后，感谢各位同仁对排污权交易制度的深入思索研究和各项具体工作的展开，希望湖北省排污权交易工作能够取得更大的进步。